和秋叶一起学

秒懂
短视频
剪辑

秋叶 刘涵 李欣眉 著

人民邮电出版社

北　京

图书在版编目（CIP）数据

秒懂短视频剪辑 / 秋叶，刘涵，李欣眉著. -- 北京：
人民邮电出版社，2023.6
ISBN 978-7-115-61101-7

Ⅰ. ①秒… Ⅱ. ①秋… ②刘… ③李… Ⅲ. ①视频编辑软件 Ⅳ. ①TP317.53

中国国家版本馆CIP数据核字(2023)第022241号

内 容 提 要

如何从短视频剪辑新手变高手？本书主要讲解短视频剪辑的各种方法和技巧，帮助读者快速上手短视频剪辑，创作出自己的作品。

本书共 5 章，包括认识剪辑、实用剪辑、后期美化、创意效果和综合案例等内容，收录了短视频剪辑的 60 多个常见方法和技巧。每个方法和技巧都配有详细的图文操作说明，帮助读者深入了解和高效掌握短视频剪辑。

本书内容从易到难，语言通俗易懂，适合短视频剪辑从业者，以及对短视频创作和后期剪辑感兴趣的初学者阅读。

◆ 著　　　　秋 叶 刘 涵 李欣眉
责任编辑　罗 芬
责任印制　王 郁 胡 南

◆ 人民邮电出版社出版发行　　北京市丰台区成寿寺路 11 号
邮编 100164　　电子邮件 315@ptpress.com.cn
网址 https://www.ptpress.com.cn
临西县阅读时光印刷有限公司印刷

◆ 开本：880×1230　1/32
印张：5.375　　　　　　　　2023 年 6 月第 1 版
字数：150 千字　　　　　　2023 年 6 月河北第 1 次印刷

定价：49.90 元

读者服务热线：(010)81055410　印装质量热线：(010)81055316
反盗版热线：(010)81055315

广告经营许可证：京东市监广登字 20170147 号

这是一本适合"碎片化"学习短视频剪辑方法和技巧的图书。

市面上大多数的短视频剪辑类图书，内容偏"学术"，不太适合初学者"碎片化"阅读。对于急需提高短视频剪辑水平的初学者而言，并没有很多的"整块"时间去阅读、思考、记笔记，更需要的是可以随用随翻、快速查阅的"字典型"技能类图书。

为了满足初学者需求，我们编写了本书，对初学者关心的痛点问题一一进行解答，希望能让读者无须投入过多的时间去思考、理解，翻开书就可以快速查阅，及时解决短视频剪辑中遇到的问题，真正做到"秒懂"。

本书具有"开本小、内容新、效果好"的特点，围绕"让学习变得轻松高效"这一宗旨，根据短视频剪辑初学者的"刚需"设计内容，让读者看完每一节内容都能有所收获。

因此，本书在撰写时遵循以下两个原则。

（1）内容实用。为了保障内容的实用性，书中所列的每一个方法和技巧都来源于真实的应用场景，汇集了短视频剪辑的常用功能，并重点解决初学者在学习与应用上的痛点、难点。同时，为了使本书更实用，我们还广泛且深入地调研了抖音、快手上的各种热点方法和技巧，并根据初学者的认知规律与学习特点进行优化设计与编排。

（2）查阅方便。为了方便读者查阅，我们将收录的方法和技巧分类整理，使初学者一看到标题就知道用什么知识点可以解决什么问题，有效破除初学者不懂"专业术语"的学习屏障，使初学者不仅可以"边用边学"，还可以"边学边练"。

我们希望本书能够满足读者的"碎片化"阅读需求，能够帮助读者及时解决短视频剪辑中遇到的问题。

做一套好图书就是打磨一套好产品。希望"秋叶系列图书"能得到读者发自内心的喜爱及推荐。我们将精益求精，与读者一起进步。

最后，我们还为读者准备了一份惊喜！微信扫描下方二维码，关注并回复"短视频剪辑"，可以免费领取我们为本书读者量身定制的超值大礼包。

30 多个创意 AI 短视频创作工具和使用教程

51 个图书配套操作视频

800 个高清视频素材

500 个高品质音效素材

1000 个不同风格的背景音乐素材

200 个绿幕背景抠像实战素材

还等什么？赶紧扫码领取吧！

目录
CONTENTS

秒懂 短视频剪辑

第 1 章
认识剪辑：剪辑并不只是
简单的拼接

工欲善其事，必先利其器。想要成为剪辑高手，首先要正确认识视频剪辑是什么，其次要选对视频剪辑所用到的工具，最后掌握最为基础的剪辑手法，这样才能快速从剪辑"小白"进阶为剪辑高手！

扫码回复关键词【短视频剪辑】，观看配套视频课程。

1.1 基础知识：
看完这3点，重新定义剪辑

本节通过介绍视频剪辑的目的、学习方法和正确的剪辑流程，帮助读者在学习视频剪辑初期就认识到剪辑的重要和必要性，建立正确的学习观。

01 剪辑的目的：
为什么说优秀的作品都离不开剪辑

什么是剪辑？剪辑是对拍摄的大量素材进行筛选、分解、组合，最终完成一部连贯流畅、主题鲜明、意义明确、艺术感染力强的作品。

从字面上看，所谓剪辑，一方面要"剪"——将视频素材拆分，修剪掉其多余的部分，留下有用的部分；另一方面要"辑"——编辑，将不同的视频素材组合在一起，调整顺序，为其添加配乐、字幕，添加转场和画面的特殊效果，让整部作品叙事自然、流畅，进而达到叙事与画面表现的统一，两者缺一不可。

如果把视频制作过程类比成做饭的话，视频的主题策划就是确定做什么菜、买什么食材，视频的拍摄就是获取食材，视频的剪辑就是对食材进行处理和最后的烹制。相同主题的菜，用的食材大同小异，但是对食材的处理及烹制过程中的火候把握、调料添加却会影响这道菜最后的味道。

即使前期素材拍摄的质量不是很高，也可以在后期剪辑的时候通过素材处理和效果添加来化腐朽为神奇，因此视频剪辑是整个视频创作过程中非常重要的组成部分，是继拍摄后对视频的再创作。

02 剪辑的学习方法：
如何让学习剪辑变得简单有趣

你是不是一直有这样的疑惑：自己花了很长时间，但好像一直在学习剪辑软件的操作，很久都入不了门；就算自己入了门，拿到了视频素材之后也不知道怎样才能剪辑出一条完整的视频；而真正懂视频剪辑的人，无论用什么剪辑工具都能又快又好地完成视频作品。

其实只要掌握了视频剪辑的基本逻辑，你就能快速解决学习中的这些疑惑，轻松上手视频剪辑！

我们要明确，学习视频剪辑时学的是什么？在你看来答案可能多种多样，但其实视频剪辑的学习无非分为这几个方面：素材拼接、叙事结构、调色、转场和特效。

无论是哪一款视频剪辑软件，软件功能界面布局都万变不离其宗，基本都会有媒体库、预览窗口、参数窗口这三大窗口和时间轴（下图所示为剪映专业版的界面），而视频剪辑就是在其中进行的。

1 视频剪辑的第一个方面是素材拼接

在这一阶段，我们要学会的就是在把素材拖进时间轴后，使用对应的工具将画面中不需要的部分去掉，将修剪后的画面拼接在一起，使它们以我们想要的顺序播放。时间轴上素材的分割、删减等操作，可以通过官方指导/说明文件学习，比如剪映专业版中就有一个"新手入门百宝箱"，帮助创作者快速上手。

以上的内容属于基础操作范畴，更高层级的技能就涉及素材的选择和取舍了。哪些画面需要保留，哪些画面需要删除，这些都需要我们在长期的视频剪辑练习中不断积累经验，才能准确地判断。

2 视频剪辑的第二个方面是叙事结构

一条好的视频，是能够完整叙述故事或者明确传达主题的。视频的叙事结构其实和文章的结构很像，可以按照总分、总分总、分总等结构安排不同的视频素材。

同样，也可以按照视频类型选择合适的叙事结构。不同的视频类型都有其常见的叙事结构。一般来讲，我们很难直接在剪辑软件中学到视频的叙事结构，但是在剪映的创作课堂中有常见叙事结构的讲解教程可供学习。我们可以通过拉片的方式来学习这样的视频案例，在整理记录后多加练习，运用在自己的视频创作中。

> **拉片**
>
> 拉片指将视频作品逐帧反复观看，同时分析并记录下每个镜头的内容、运镜方式、景别、剪辑、声音、画面节奏、表演等，抽丝剥茧一般地拆解视频作品。

3 视频剪辑的第三个方面是调色

根据作品的基调对视频素材进行调色，可以快速使画面呈现出不同的质感。

想要更好地掌握调色，建议先学习色彩的基本知识，了解影响颜色的主要参数，如色相、色调、饱和度、对比度等。

当然，我们也可以直接套用软件中内置的滤镜或者导入第三方的专业 LUT 来快速实现画面的调色，例如剪映专业版就同时支持内置滤镜套用和专业 LUT 的导入。

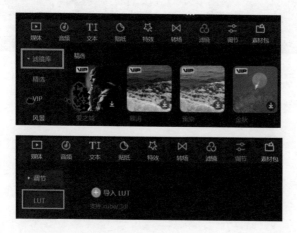

> ## LUT（look-up table，查找表）

使用 LUT 就是将画面中的所有颜色进行一次转换，可以快速将视频的色彩风格改为另外一种。LUT 通常分为校正 LUT 和风格 LUT 两种。

校正 LUT：使画面颜色看起来是最为正常（主要针对灰度视频使用）。

风格 LUT：改变画面的整体风格。

4 视频剪辑还有两个方面——转场与特效

视频中不同场景、画面之间的转换或过渡就是转场，转场的形式有多种，可以直接借助软件中内置的转场效果实现，也可以将一些视频特效素材（如炫光、屏闪、故障画面等素材）放在两段视频之间作为转场的效果。

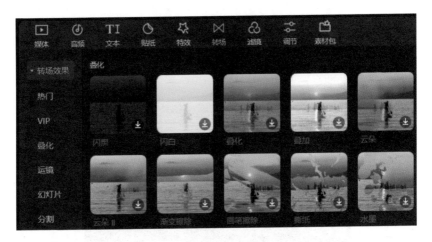

特效可以分为基本特效和复杂特效，基本特效借助软件自带的功能就能实现，比如音频的变调处理、视频播放速度的调节等。

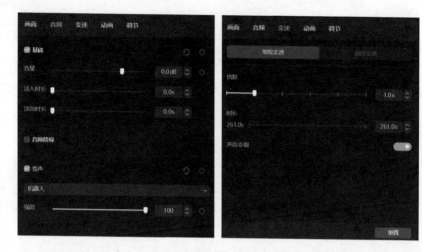

实现复杂特效通常需要对视频甚至音频素材进行特殊的风格化处理，除了可以直接套用软件中内置的特效，经常还需要利用其他专业软件制作特效，例如 Adobe After Effects。

通过以上几个方面的学习，我们可以发现，无论使用什么软件进行视频剪辑，先确定需要什么功能，再去软件里面找到对应的功能窗口，就能很快达到目的。

03 剪辑的流程：
高手都在用的高效剪辑流程

很多人刚接触视频剪辑时，可能会积攒很多的素材，但没有一个科学的整理素材和剪辑视频的流程来帮助自己提高剪辑效率，在剪辑的时候好不容易找到满意的素材，对这段素材做了很多处理，结果发现没有同类型素材进行组合了，只能返工，大大拉低了出片效率，逐渐就产生了"剪辑好难"的想法，甚至直接放弃剪辑。

那么这一节就给大家分享一个科学的剪辑流程，帮助大家建立良好的剪辑习惯。

著名导演罗伊·汤普森在其著作《剪辑的语法》中写到，剪辑的顺序可以是获取素材→整理→回看和筛选→顺片→粗剪→精剪→锁定图像→生成和交付，一共 8 个步骤，接下来我们结合剪映专业版这款剪辑软件来展开讲解。

第一步：获取素材

获取素材，顾名思义，指的就是通过前期的视频拍摄去获得待剪辑的视频素材。

第二步：整理

整理指的就是将获取的素材导入剪辑软件，按照类型分门别类地放入对应的素材文件夹中。在剪映专业版中，我们需要做的就是单击【开始创作】创建一个项目，单击【导入】将所有待剪辑的素材导入素材库，在空白处右击鼠标，单击【新建文件夹】创建文件夹，并将素材分门别类地放入相应的文件夹中。

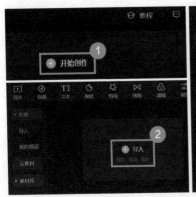

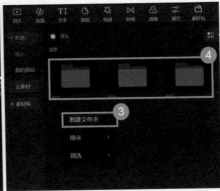

第三步：回看和筛选

这一步从字面上来看非常容易理解，就是将素材全部看一遍，从中筛选出需要的素材。在剪映专业版中的对应操作就是在对应的文件夹中选中素材，在右侧的预览窗口中预览。对于暂时不需要的素材，不建议大家直接删除，可以再建一个临时文件夹，将它们放进去，说不定在后续剪辑中会用到。

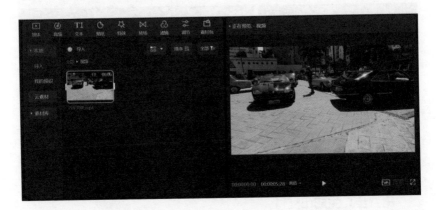

第四步：顺片

顺片可以理解为将你需要的视频素材逐条拖曳进项目的时间轴，这里可以根据视频的叙事结构决定拖曳的顺序，最简单的就是按时间递进关系排序。

第五步：粗剪

粗剪就是将时间轴上的视频素材中不要的信息"剪掉"，只留下正片内容，使留下的素材能连成一个比较完整流畅的视频。

如果你的视频内容比较简单，到这一步基本上就可以导出成片了。但如果你对视频的精致程度有要求，就可以进入第六步"精剪"。

第六步：精剪

精剪这一步，要做的就是在视频素材之间添加转场效果，给画面加上特效，为画面配上字幕等。

第七步：锁定图像

电影剪辑通常是先把画面剪辑出来，在保证画面不再变化的前提下，再进行后期的配乐、配音等，如今我们同样可以这样做。在剪映专业版中，可以在媒体库中选择【音频】和【文本】来分别实现配乐和字幕添加。

第八步：生成和交付

这一步里的生成就是将我们剪好的视频以合适的文件格式导出。至于交付，如果是商业订单，就是指将视频交付给客户，如果是为自己制作的视频，则可以选择上传到相应的视频平台。在剪映专业版中单击【导出】，设置好作品名称、导出路径和各项参数后，将视频导出到目标文件夹中。

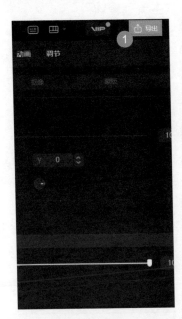

以上就是一套经过验证的、科学的视频剪辑流程，建议各位读者在没有形成自己独特的剪辑流程前，严格按照这个流程操作，这样能保证整个剪辑流程不跑偏。

1.2 剪辑软件：
软件的优、缺点，看这里一目了然

在短视频时代，想要学习视频剪辑，但对剪辑软件不了解，不知道如何选择适合自己的软件怎么办？本节就带你认识各类剪辑软件及一些辅助工具。

01 PC 端软件：
一张表带你了解 5 款主流剪辑软件

PC 端剪辑软件有很多，但功能大同小异，到底哪款适合自己？一张表让你清晰了解 5 款主流剪辑软件的优、缺点，快速选出更适合你的软件！

1 剪映专业版

剪映专业版是剪映的 PC 端版本，操作简单，学习门槛低。软件内还有海量素材，省去了寻找素材的麻烦，对于初学者来说十分友好。不仅如此，剪辑的作品还可以直接通过剪映专业版发布在抖音等平台。如果想和抖音进行高效联动，那就选择剪映专业版！

	优点	简单易用好上手
		自带丰富的素材库
		字幕功能强大
		可以直接链接抖音平台
	缺点	过于复杂的视频效果无法实现
		参数调整不够灵活

2 Adobe Premiere Pro

Adobe Premiere Pro(简称 Pr)是目前应用广泛的专业剪辑软件，功能强大，还能安装插件和预设，你需要的大部分视频剪辑处理功能它都有。

		大多数的电脑系统都可以兼容 Pr
	优点	使用人数多，方便协同作业
		可与 Adobe 系列的其他软件完美配合，提高工作效率
		外置插件和预设效果非常多，可以丰富软件功能
		效果、参数可以进行更灵活的调整
	缺点	具有一定的操作难度
		自带插件和预设效果少
		下载操作比较繁琐

3 Final Cut Pro

Final Cut Pro 是苹果公司开发的 macOS 自带的剪辑软件，经常被拿来与 Pr 对比。它的功能十分强大，在 macOS 下直接用它就能满足大部分的剪辑需求。

		界面比较简洁，更好入门
	优点	软件操作流畅，使用体验好
		基于 macOS，稳定性较强，软件崩溃的情况较少
		自带插件，功能更丰富
	缺点	只能用于 macOS，使用人数相对较少，不便于协同作业

4 达芬奇

达芬奇的后期调色功能非常强大，并且联合剪辑功能做了整合。它有免费版和付费版两个版本，两个版本在功能上有一些区别，如果对调色的要求不高，选择免费版即可。

		是行业内认可度较高的调色工具
	优点	有可以免费使用的版本
		自带插件，功能更丰富
	缺点	对电脑配置的要求较高
		插件较少，付费版才有更全面的插件

5 必剪

必剪可以进行高清录屏，同时还有全能剪辑、音轨编辑、画面特效、一键剪辑等功能。在必剪中剪辑的作品可以直接通过必剪发布在"B 站"（bilibili 网站）。如果经常玩 B 站，就可以选择必剪。

		有高清录屏功能
	优点	自带丰富的素材库
		可以直接链接 bilibili 网站
	缺点	无法实现过于复杂的视频效果
		参数调整不够灵活

看完本节内容，赶紧挑选一款适合自己的剪辑软件来试试吧！

02 手机 App：
剪辑 App 很方便，但每一个都需要安装吗

很多人第一次接触剪辑就是在手机剪辑 App 上，相比 PC 端的剪辑软件，手机剪辑 App 更方便、学习门槛低。随着短视频行业的发展，市面上出现了各式各样的手机剪辑 App，其实它们的功能大同小异，因此我们选择一款适合自己的即可。

1 剪映

剪映不只有 PC 端的专业版，还提供了目前功能最为强大的手机剪辑 App，该 App 不仅好操作，而且自带大量模板和预设效果。如果你完全掌握了这款 App，就能在手机上满足大部分剪辑需求。不仅如此，

它还可以直接和抖音进行联动，以提高工作效率；支持在 iPad 上横屏使用，如果你的 iPad 接有键盘，就可以使用快捷键进行剪辑，效率更高。

2 快影

　　快影和剪映在基本功能上差别不大。快影刚发布时，字幕自动识别的功能很吸引人，不过现在字幕识别已渐渐成为手机剪辑 App 的"标配"。

3 必剪

必剪是由 B 站推出的免费剪辑软件，不只有 PC 端的版本，还有手机端的 App。它最大的特点是有制作虚拟形象的功能，如果你不想真人出镜，可以使用这个软件创建一个虚拟形象来代替你出镜，好看又好玩。

4 iMovie

iMovie 是苹果公司开发的剪辑软件，功能非常强大，能够轻松剪辑 4K 视频。该软件还可以在苹果公司的不同设备和软件间进行协作，比如在手机上剪辑的 iMovie 项目可以在 PC 端的 iMovie 中打开，而 PC 端的 iMovie 项目又可以在 Final Cut Pro 中打开，如果你同时拥有苹果手机和苹果电脑，就可以体验这个顺畅的工作流。

其实各种剪辑软件的基本结构和功能都是相似的。如果想快速学习剪辑软件，可以先精通一款，再去尝试操作其他的，它们的操作大同小异。不要一款软件还没熟悉，就不停地尝试不同的软件，最后可能会出现每款软件都只懂皮毛的情况！

03 辅助工具：
处理视频素材，用这 3 个"神仙"工具

在剪辑时，总会遇到一些奇怪的视频格式，软件有时无法正常读取这些格式的视频，这时就需要用辅助工具来帮你解决问题了。下面给大家分享 3 个好用的辅助工具！

1 小丸工具箱

小丸工具箱可以用来压制视频，降低视频的帧率等参数，避免上传的视频被二次压缩。除了用于压制视频之外，小丸工具箱也可以用来转换视频格式。

下载方式：在网页上搜索"小丸工具箱官网"，进入官方网站下载即可。

2 格式工厂

格式工厂好上手、易操作，可能是最为人熟知的视频格式转换工具。它可以转换视频格式、裁剪视频，转换音频、图片等多种类型文件的格式，并支持缩放、旋转文件和添加水印等功能，甚至还可以在转换过程中修复某些损坏的视频。

下载方式：在网页上搜索"格式工厂官网"，进入官方网站下载。

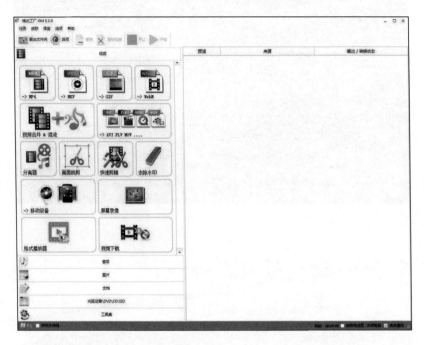

❸ PotPlayer

PotPlayer 是一个强大的视频播放软件。相较其他播放器，PotPlayer 占用内存小，界面简单，无广告弹窗，内置多种视频格式的解码器。当你的视频格式过于小众，用其他播放软件打不开时，可以试试 PotPlayer，它可能会带给你惊喜。

下载方式：在网页中搜索"PotPlayer 中文官网"，找到相关链接，进入官方网站进行下载。

1.3 常用剪辑手法：
学会这5招，摘下"新手帽子"

很多人都觉得影视行业门槛高，因此对影视行业抱有极大的好奇心，接触该行业也会选择从剪辑着手，因为剪辑的学习门槛低，有软件就可以学。很多人把剪辑理解为镜头的简单拼凑，事实上，剪辑的手法多种多样。今天先来看看电影大片都在用的这5个剪辑技巧吧！

01 动作顺剪：
场景相同，这样剪就能"瞬间无痕"

动作顺剪是指把一个动作用两个镜头连接。通过动作顺剪的手法能够更好地过渡不同的空间和动作，比如可以通过切换镜头来完成对人物转身这一动作的表现。

例如下面的两个镜头，人物转身瞬间的镜头，接上了人物转身后向前走的镜头。其动作前后是连贯的，但用了两个镜头来接续展示。

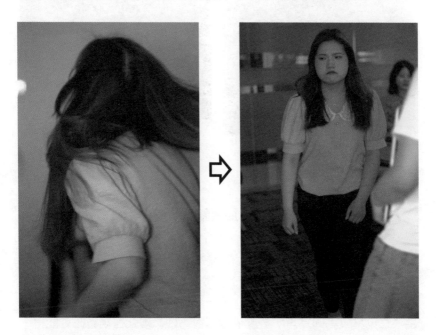

02 匹配剪辑：
场景不同，画面这样拼接更"丝滑"

匹配剪辑中的匹配，就是指前后镜头中的色彩、影调，物体运动的方向、相对位置，视觉中心、视线方向等要素，均保持统一并前后呼应。匹配剪辑经常用在短视频的转场中，因为它可以自然地从一个场景转换至另一个场景。

例如下面这两个镜头，穿绿色衣服的人物主体在画面中的相对位置其实是一样的，这就是主体位置一样，背景却发生了变化，这样的两个镜头剪辑在一起，就可以实现匹配剪辑转场。

03 J 型剪辑：
巧用视频声音，加快叙事节奏

J 型剪辑是通过声音把前后镜头融合在一起的剪辑技巧，因在剪辑软件上会显示出字母"J"的形态而得名。具体是指两个镜头衔接时，后一个镜头的声音响起的同时，前一个镜头的画面还在持续，可以说是"未见其人先闻其声"。这个技巧很巧妙，观众在观看时可能根本不会发现。当前一个场景结束，即将开始下一个新场景时，用这个剪辑手法就能进行快速切换。

例如，由一个安静的场景转到一个喧闹的场景时，喧闹场景的声音可以先插入前一个场景的画面。完成了声音的插入之后，再进行画面的插入，中间可以省去一些过渡时间，实现场景的快速切换。

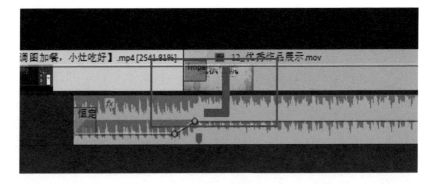

04 L 型剪辑：
新场景引入太尴尬，来看看这个剪辑手法

L 型剪辑与 J 型剪辑很像，也是通过声音把前后镜头融合在一起，因在剪辑软件上会显示出字母"L"形态而得名。但不同的是，L 型剪辑是指将前一个镜头的声音一直延续到后一个镜头，让声音起到承上启下的作用，完成完美的场景切换。这样衔接可以保障剧情的连贯性，使得视频节奏更顺畅。

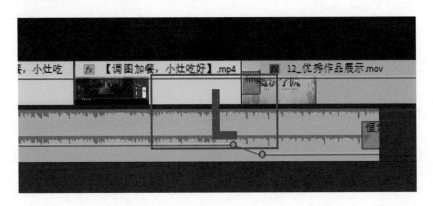

05 跳切剪辑：
学会这招，使视频素材变得更加生动有趣

一般来说，镜头切换时最好遵循一些剪辑规则，例如同角度的相邻景别（指近景、中景、远景等）一般不衔接，动作衔接要有连续性等，而跳切剪辑却打破了常用规则，它以较大幅度的跳跃式镜头组接，突出了必要内容，省略了时空变化过程。

跳切有两个最重要的作用：一是表现时间的快速流逝；二是渲染人物的情绪。

例如，在一个完整的"人物等车、车辆行驶，人物焦急下车前往目的地"的镜头中，车辆行驶的过程比较漫长，在视频中没必要进行完整展示，因此我们可以将车辆行驶部分进行删减，然后将两端拼接起来呈现给观众，从而起到加快视频节奏的效果，也从侧面突出了人物前往目的地的焦急情绪。

秒懂 短视频剪辑

▶ 第 2 章 ◀
实用剪辑：新人也能快速上手

　　进行短视频创作时，如何快速地处理视频和音频？对于初学者来说，这些可能是目前亟待解决的问题。本章将介绍这些问题的解决方法，从寻找素材、编辑视频和音频等方面入手，帮助初学者迅速解决难题！

扫码回复关键词【短视频剪辑】，观看配套视频课程。

2.1 实用套路：
懒人必学的七大高效剪辑法

剪辑视频时，总有一些客观因素会拉低我们的剪辑效率，比如素材难找、制作字幕花费时间等。本节将介绍 7 个提升剪辑效率的方法，帮你快速成片。

01 视频素材：
巧妇难为无米之炊？高清素材这里找

剪辑视频，必须自己拍摄视频素材吗？当然不用！剪辑别人的视频有没有侵权风险？当然有！那到底去哪里才能找到高清、无水印且无版权问题的视频和图片素材呢？推荐下面这 6 个网站（在百度中搜索相应的网站名称即可）。

1 Wedistill

"Wedistill"最大的特点就是"免费"，其收录的视频，虽然数量不多，但都极具创意。

2 Pixabay

"Pixabay"拥有大量免费、正版、高清、无水印的视频素材，支持中文检索，无须注册即可直接下载。

3 Pexels

"Pexels"里的所有图片都是从用户上传的照片或免费照片网站中挑选的，图片质量高、数量多、无水印且无版权问题。

4 Coverr

"Coverr"里收录的影片涵盖各种类型，包括食物、情绪、自然、科技、人物、城市及动物等，可免费用于个人和商业用途。

5 Videvo

"Videvo"是一个综合类的视频网站，视频的类型也非常齐全，可免费用于个人和商业用途。

6 Mazwai

"Mazwai"是由专业视频团队精心打造的免费视频剪辑素材库，提供免费、高质量、电影风格的视频素材。

有不少素材网站是英文的或只支持英文检索，可以利用浏览器自带的转换器进行中文翻译，或者先利用翻译软件将要搜索的关键词翻译为英文，再粘贴到网站中进行查找。

02 音频素材：
高质量音频素材获取难？是你没找对地方

自己录制的音频有杂音？没有专业设备来录制或制作想要的音

频？想用高品质音频又不知道去哪里找？不妨看看下面这 6 个网站（在百度中搜索网站名称即可）。

1 淘声网

"淘声网"聚合了国内外超过百万个音频素材，包括人声素材、游戏音效、影视配乐、实地录音、音乐样本、节奏音源等，可免费使用。

2 耳聆网

"耳聆网"拥有庞大的声音资源库，提供永久性的免费上传、下载服务，所有素材都能免费下载使用。

3 FREE MUSIC ARCHIVE

"FREE MUSIC ARCHIVE"是一个音乐网站，收录了超过 10 万个免费音频素材。

FREE MUSIC ARCHIVE

Your #1 resource for royalty-free and 'free to download' music.

Support creators, reward creativity.

Royalty-free music
Great music for YouTube,
Facebook, podcasts and
other media projects

Browse FMA
The iconic Creative
Commons 'free to download'
music community

4 Freepd

"Freepd"汇集了互联网中海量免版权的公共领域音乐资源，涵盖了各种类型的音乐，可免费用于商业或非商业用途。

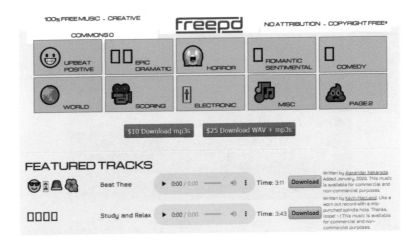

5 Mixkit

"Mixkit"是一个免费的视频、音乐、音效素材网站，提供大量的高品质视频和音频资源，可免费下载使用。

6 Bensound

"Bensound"拥有大量免费音乐素材，仅能用于非营利作品，不能商用。

03 一键成片：
时间太紧视频剪不完？试试一键自动剪辑

想要剪辑视频，但没有剪辑思路？又或者时间太紧张，视频剪不完？一键自动剪辑功能可以帮你轻松解决这些困难。

接下来一起用剪映 App（以下简称剪映）来试试一键自动剪辑功能。

步骤1 导入视频素材。在剪映中点击【一键成片】，选择需要编辑的素材，点击【下一步】，导入素材。

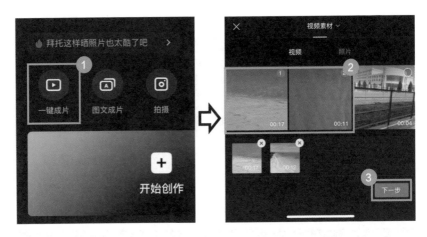

步骤2 选择模板。在软件界面底部，有很多类型的模板可供选择，左右滑动即可浏览不同的模板，点击模板就可以生成对应的视频效果。

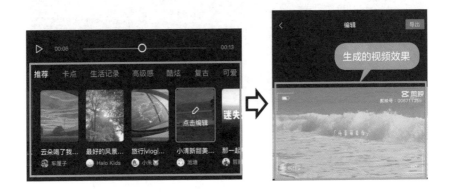

04 文本朗读：
自己录的音不好听？试试文稿秒变标准配音

在制作视频时，为了让观众直观地了解视频内容，可能需要配音解说。如果自己配音，你可能会担心普通话不够标准，观众听不懂；又或者担心自己的配音不够有趣，观众不喜欢。这时，你可以试试文本朗读配音功能。

接下来一起用剪映专业版（以下简称剪映）将手工录入的文字转为朗读配音。

 将要转换成配音的文本置于剪映界面中。先打开剪映，单击【开始创作】进入创作界面，选择【文本】→【新建文本】，将鼠标指针移动到"默认文本"字样上，右下角就会出现一个"添加"按钮，单击这个按钮。此时【播放器】中就出现了"默认文本"4 个字。

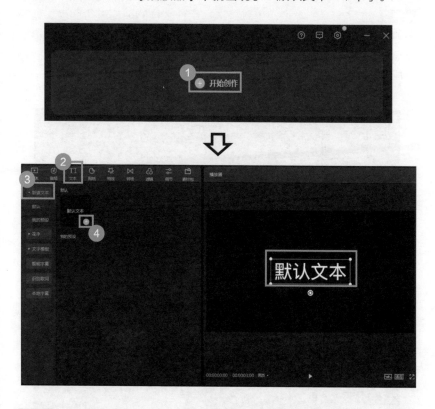

 根据需要修改文本。先双击选中【播放器】中的文本，当文本框中的文字出现绿色底纹时，就可以直接在文本框中修改文字。

步骤3 选择配音的类型，也就是选择用什么样的风格进行朗读。剪映中提供的配音类型很多，本例选择的是"重庆小伙"。先选中文本框，然后选择【朗读】→【重庆小伙】→【开始朗读】。朗读完成后，软件界面下方的时间轴中将生成一条音轨。

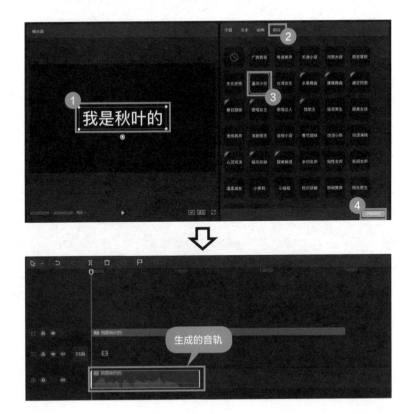

生成的音轨

步骤 4 完成上一步，剪映就已经自动生成配音了。可以播放配音听听效果，还可以根据需要调整配音的音量等参数。选中音轨之后，可以在【音频】中设置各种参数。例如，想把音量调高，就往右滑动【音量】滑块。

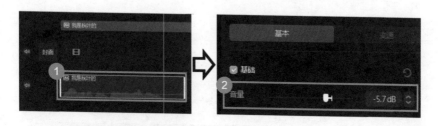

05 语音转字幕：
还在逐字敲字幕吗？试试人声自动转成字幕

有时，我们会剪辑一些带有解说或对话内容的视频，为了便于观众理解语音内容，我们往往会为视频添加字幕。如果手动地逐字录入文字，非常耗时，这时我们可以试试剪映的识别字幕功能。

接下来用剪映专业版进行示范。

步骤 1 将视频素材导入剪映。单击【开始创作】进入创作界面后，选择【导入】，在弹出的窗口中选择视频素材，单击【打开】，视频素材就导入剪映了。

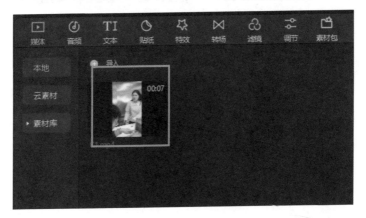

步骤2 生成字幕。将鼠标指针移动到视频素材上，待右下角出现"添加"
按钮后，单击这个按钮，视频素材就会自动出现在软件界面下方的时
间轴中，右击视频素材，选择【识别字幕 / 歌词】后，软件会自动识别。
这样，时间轴中视频轨道的上方就会生成识别出来的字幕了。

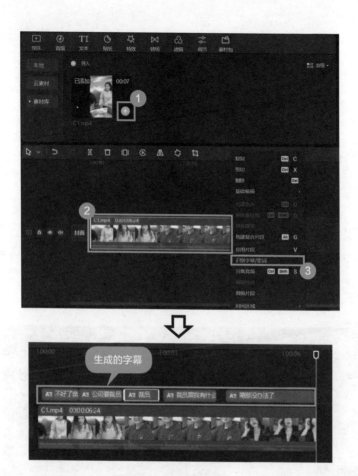

步骤 3 消灭错别字。仔细检查剪映识别出的字幕内容，选中其中带有错别字或其他需要修改的词的单句字幕，单击【文本】，可以看到文本框中已经显示出了该字幕的内容，此时就可以着手修改了。

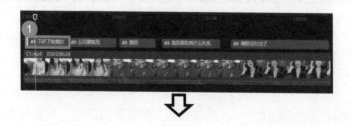

步骤 4 调整字幕样式。可以在【文本】中进行字幕样式的调整，例如字体、字号、颜色等；还可以直接单击下方的预设样式，将其应用到字幕中。本案例首先将字幕的字号加大，然后选择了其中一个预设样式进行设置。

06 视频换脸：
想保持神秘不露脸？用卡通头像跟踪遮脸

在制作口播类视频时，需要拍摄人物又不想露脸，或者想遮住视频中人物的脸部?这时我们就可以试试卡通头像跟踪遮脸功能。

接下来一起来用剪映 App 来体验卡通头像跟踪遮脸功能。

步骤1 将视频素材导入剪映。点击【开始创作】进入创作界面后,在弹出的窗口中选择视频素材,点击【添加】,导入素材。

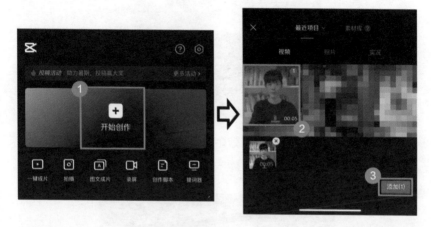

步骤2 添加卡通头像特效。在软件界面底部的工具栏中,点击【特效】→【人物特效】,在弹出的特效选择窗口中,向右滑动标签栏,点击【形象】,点击想要添加的效果(如"可爱猪"),预览窗口中就会生成卡通头像了。

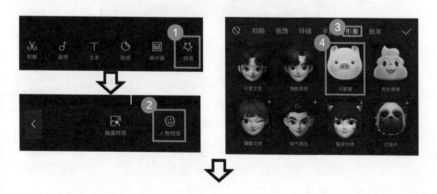

步骤3 调整特效时长。生成特效后，点击时间轴上紫色的特效层，拖动白色方框右侧边缘，使特效时长与上方素材的时长一致。

07 批量压缩：
视频太多占内存？教你一招批量压缩视频

作为剪辑师，日常需要收集、存储大量的视频素材，这时电脑内存可能就不够用了。如何在不删除这些素材的情况下，释放电脑内存呢？可以将视频批量压缩！

接下来一起用"小丸工具箱"来实现视频的批量压缩。

步骤 1 导入多段要压缩的视频素材。打开小丸工具箱，在软件界面中的【批量压制】中，单击【添加】，在弹出的窗口中选择要压缩的多段视频素材，单击【打开】，将素材文件添加到批量压制列表。

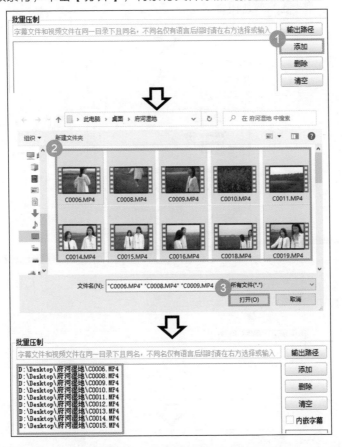

步骤 2 选择压缩后的视频存储路径。在【批量压制】中单击【输出路径】，在弹出的窗口中选择一个文件夹（如"压缩视频文件"），单击【确定】。

步骤3 批量压缩视频素材。单击软件界面右下角的【压制】，软件将会对素材进行批量压缩。压缩结束后，可单击右上角的【×】关闭界面。通过输出路径可以查找到压缩后的视频。

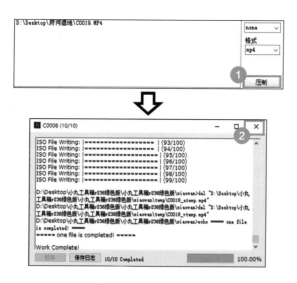

2.2 视频处理：
新手常见五大问题快速解决

初学者在日常剪辑中，常常会遇到一些棘手的问题，例如，视频画面抖动得厉害，需要后期稳定画面，把横屏视频改为竖屏视频等。其实这些问题解决起来很简单，接下来我们就来一起学习。

01 视频分割：
如何快速截取自己想要的视频片段

视频的时长如果太长，往往不便于分享。如何从一段长视频中截取出自己想要的片段，是剪辑中常见的问题之一。

接下来就看看如何使用剪映专业版来解决这个问题吧！

步骤 1 导入素材。打开剪映，单击【开始创作】→【导入】，选择需要分割的视频素材，然后单击【导入】即可导入视频。

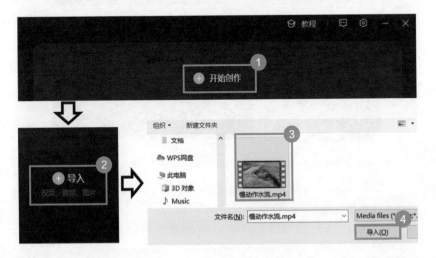

步骤 2 将素材加入时间轴。单击视频素材右下角的"添加"按钮，将视频素材添加到时间轴中。

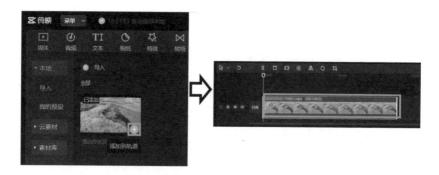

步骤3 分割素材。拖曳时间轴上的白色指针，选择想进行分割的位置，单击上方的"分割"按钮分割素材。

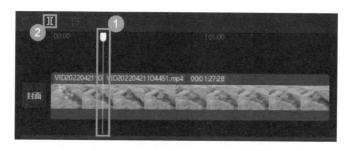

步骤4 删除多余部分。单击选中分割后需要删除的部分，按键盘上的【Delete】键进行删除。单击【导出】，即可快速完成视频的分割。

02 视频防抖：
视频画面抖动严重，后期还能挽救吗

出门游玩时，我们经常会拍摄视频来记录美好瞬间，但是回到家可能会发现，视频画面抖动幅度太大，怎么办？如果删掉就太可惜了！
学会后期视频防抖，这样的废片也能"起死回生"！

接下来就看看如何使用剪映专业版稳定视频画面！

步骤 1 启用视频防抖功能。选中需要稳定画面的视频，选择软件界面
上方的【画面】→【基础】，勾选【视频防抖】，软件就会对视频进
行防抖处理。

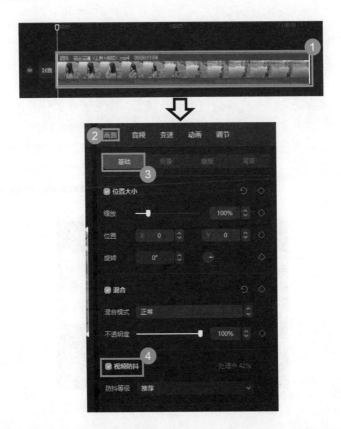

步骤 2 调整防抖等级。在【防抖等级】的下拉菜单中，可以选择不同
的防抖等级，有【推荐】【裁切最少】【最稳定】3 个选项。一般情况
默认选择【推荐】，如果觉得还不够稳定，可以试试【最稳定】这个选项。
需要注意的是，稳定程度越高，软件对画面的裁切就会越多。

03 视频加速：
视频节奏太拖沓，一招教你加快节奏

视频漫长乏味，应该如何拯救？其实，用剪映中的视频加速功能就能轻松解决这个问题，接下来用剪映专业版来演示具体操作。

在时间轴上选中需要加速的视频，选择软件界面上方的【变速】→【常规变速】，在该功能下滑动【倍数】滑块来调整视频的播放速度，即可完成视频加速。还可以在【时长】中查看变速前后的视频时长。

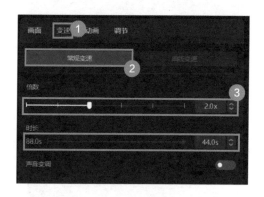

04 视频比例：
各平台视频比例不同，这样做横屏秒变竖屏

拿到横屏的视频素材，如何将它变成竖屏视频？学会用剪映调整

视频比例，横屏变竖屏轻松"拿捏"！

接下来使用剪映专业版进行演示。

步骤1 转换比例。将横屏素材导入剪映，在【播放器】的右下角单击【适应】→【9∶16（抖音）】，即可完成横屏转竖屏。转换后，视频的上下部分会留下黑底。

步骤2 消灭黑底。如果不想要这样的黑底效果，可以直接放大素材覆

盖黑底。在【播放器】中单击视频画面将其选中，拖曳右下角的控点，将视频画面放大至看不见黑底即可。

这个方法可以使视频填满屏幕，但也会损失部分视频画面。还有一个办法，既可以完整保留视频画面，又可以消除黑底，就是对背景进行填充美化，具体操作如下。

选中视频素材，选择软件界面上方的【画面】→【基础】，勾选【背景填充】，在【背景填充】的下拉菜单中，还有【无】【模糊】【颜色】【样式】几个选项供我们选择，后3个选项可分别用于填充3类不同的背景。

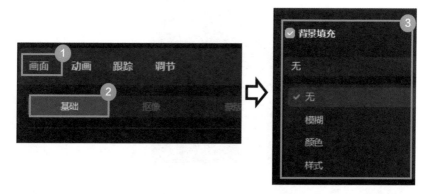

模糊

颜色

样式

05 视频导出：
如何使导出的视频画面清晰且文件较小

　　你是不是认为，在导出视频时，将所有的参数都设置为最佳选项，导出的视频就会更清晰？其实不然，这样做不仅达不到目的，还有可能会使视频文件变大，占据更多的内存空间。那怎么做既能使视频文件尽可能地少占内存空间，又能保障画面品质呢？

　　接下来用剪映专业版示范操作。

　　单击软件界面上方的【导出】，打开【导出设置】对话框，修改分辨率为【1080P】，选择码率为【更低】，修改帧率为【30fps】。这样设置，导出的视频文件小且画面清晰。

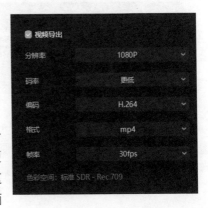

2.3 音频处理：
音频提取、调节、降噪一站式解决

视频是由声音和画面共同组成的。我们在剪辑视频时，除了要对画面进行编辑，还要对音频进行处理，例如音频的提取、调节和降噪这3个常见的问题，下面我们就来——解决！

01 音频提取：
想要提取其他视频里的音乐？这个功能很好用

听到其他视频里的背景音乐，很喜欢，想用在自己的视频里，但又搜不到对应的音乐怎么办？除了"拍同款"之外，我们还可以将音频提取出来！接下来就用剪映专业版来解决这个问题。

步骤1 分离音频。将自己的视频和待提取音频的视频导入软件，并添加到时间轴上。右击待提取音频的视频，选择【分离音频】，即可完成对音频的分离。

步骤2 将分离的音频添加到自己的视频中。分离出音频后，删除提取音频后的视频，单击视频轨道左侧的"关闭原声"按钮，移动提取出的音频的位置，使其与自己的视频对齐，并调整时长，使其与自己的视频时长一致，即可将提取出的音频添加到自己的视频里。

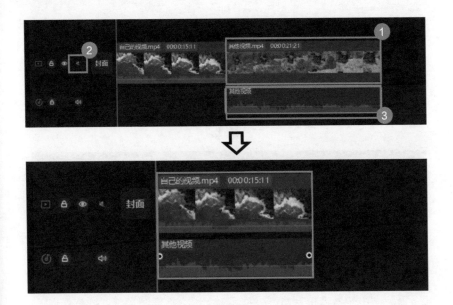

02 音量调节：
背景音乐比人声还大？这样调节音量更快

在剪辑视频时，想要给视频添加一个有趣的背景音乐来增加视频的趣味性，但导入的音频音量太大，甚至遮住了人说话的声音，应该如何快速调节音频的音量大小呢？

接下来用剪映专业版来演示如何解决这个问题。

步骤 1 调大视频的人声音量。在时间轴中选中需要调整人声音量的视频，选择软件界面上方的【音频】，滑动该功能下面的【音量】滑块即可调整音量大小，也可以直接在滑块右侧输入想要增加的音量分贝数（dB），再按键盘上的【Enter】键确定即可。

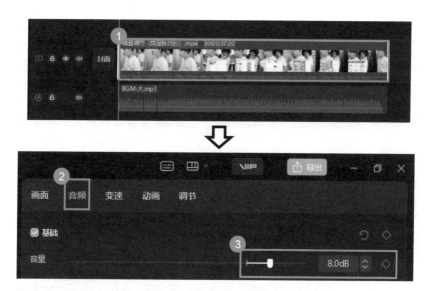

步骤2 调小背景音乐音量。在时间轴上选中需要调整音量的背景音乐，用相同的方法调整音量即可。

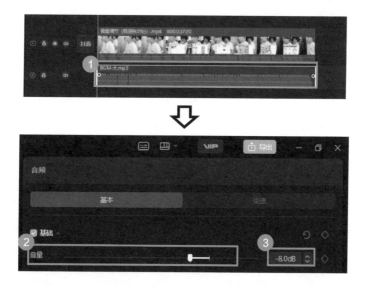

03 音频降噪：
视频杂音太大？后期降噪变清晰

在户外拍摄视频时环境嘈杂，杂音太大，导致听不清人声，还可以补救吗？只要用好剪映中的音频降噪功能就可以搞定！

接下来让我们使用剪映专业版来体验这个功能。

在时间轴上选中有杂音的视频或音频素材，选择软件界面上方的【音频】，勾选【音频降噪】，就可以一键完成音频的降噪。

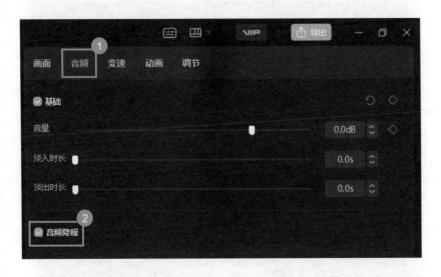

2.4 信息保护：
视频水印与打码轻松处理

视频素材中水印太多，影响观感？视频素材中有敏感信息，怎么遮挡？想在视频中打上属于自己的水印，应该怎么做？这一节统统告诉你！

01 去水印：
水印太多影响视频美观，如何去除

水印应该如何去除呢？下面有 3 种不同的方案帮你解决。

方案 1：裁剪去除法（适用于水印在画面外的情况）

步骤 1 选择裁剪工具。选中时间轴上的视频素材，单击上方的"裁剪"按钮。

步骤 2 裁剪画面。在【裁剪】中移动白色方框，裁剪画面，裁剪完成后单击【确定】。

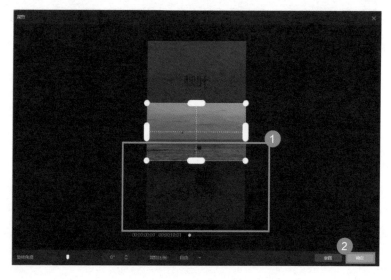

步骤 3 调整画面比例。单击【播放器】下方的【适应】→【16：9（西瓜视频）】，即可调整画面比例。

方案 2：放大去除法（适用于水印在画面边缘且水印不大的情况）

在时间轴上选中视频，选择软件界面上方的【画面】→【基础】，调节【缩放】和【位置】参数，至水印消失即可。

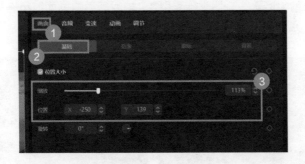

方案 3：遮挡去除法（适用于水印附近的画面是纯色的情况）

步骤 1 添加视频并选择裁剪工具。如图，将视频重复两次添加至时间轴，并进行叠放，单击"裁剪"按钮。

步骤2 裁剪画面。调整白色方框到水印附近位置，单击【确定】，完成裁剪。

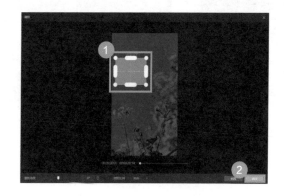

步骤3 遮挡水印。在【播放器】中，将裁剪后的画面缩小并移动，使其覆盖住水印即可。

02 添加水印：
想要表明归属权，一键添加视频水印

想要给视频作品添加专属水印？ 3 步之内，静态水印、动态水印全搞定！

接下来用剪映专业版进行示范操作。

方案 1：静态水印（常规添加方式，应用范围最广泛）

步骤 1 导入素材及水印图片。将视频素材和水印图片添加到时间轴上，将水印图片移动叠放到视频素材轨道上方，并调整时长，使其与视频时长一致。

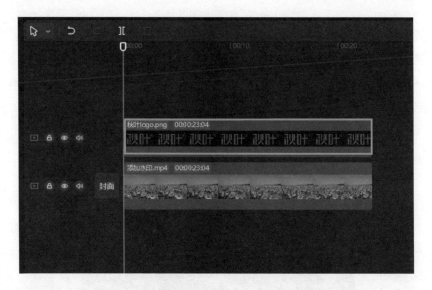

步骤 2 调整水印的大小和位置。在【播放器】中拖曳水印图片右下角的控点，调整水印图片至合适大小，再将水印移动到合适位置，即可完成静态水印的添加。

方案 2：动态水印

步骤 1 起始点设置。在时间轴上，将水印图片移动叠放到视频素材轨道上方，并在【播放器】中调整好水印的大小、位置。在时间轴上移动白色指针到视频开头处，选中水印图片，在软件界面上方选择【画面】→【基础】，单击【位置大小】右侧的菱形图标（以下称为关键帧），记录此时水印的大小、位置等信息。

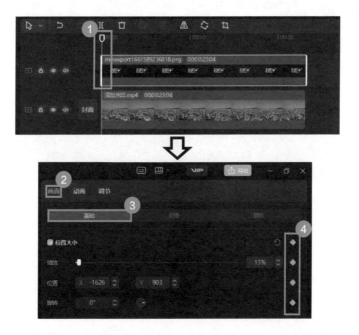

步骤2 为水印设置移动路径。将白色指针移动到视频中间位置，在【播放器】中，将水印移动到任意位置，此时软件就会在时间轴中的视频素材上自动添加关键帧，记录水印移动后的大小、位置等信息。

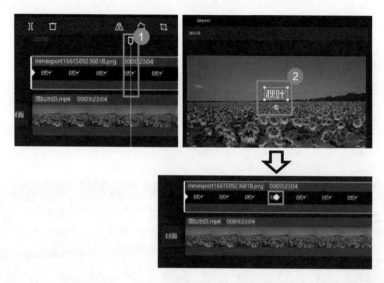

步骤3 结束点设置。将白色指针移动到视频结束位置，再在【播放器】中移动水印的位置。此时再播放视频，水印就会一直在画面中移动了。

完成以上步骤就完成了动态水印的添加。

03 视频打码：
视频里有敏感信息，可用马赛克遮挡

如果拍摄的视频中出现了个人信息，比如微信二维码、车牌号码等，为了保护个人信息安全，我们可以使用剪映中的模糊或马赛克特效将其遮挡住。

接下来，就使用剪映专业版演示具体步骤。

步骤1 添加蒙版。如图，将视频重复两次添加至时间轴中，并进行叠放。选中上层的视频，选择【画面】→【蒙版】→【矩形】，添加并调整矩形蒙版尺寸，使其刚好覆盖住整个车牌。

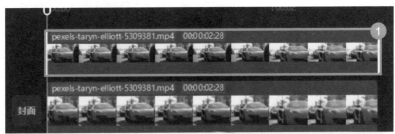

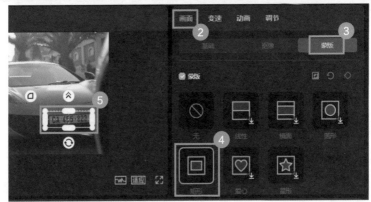

步骤2 为蒙版添加模糊/马赛克特效。在软件界面上方单击【特效】→【画面特效】→【基础】，找到【模糊】/【马赛克】特效，并将其拖曳到上层素材中。

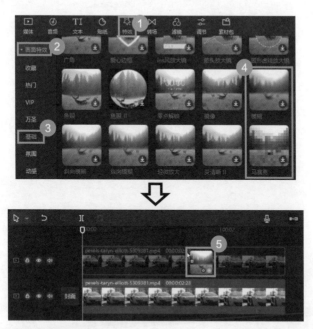

步骤 3 为蒙版添加移动关键帧。选择上层视频素材，在软件界面上方选择【画面】→【蒙版】，单击【位置】右侧的菱形图标 ◆ ，为画面添加一个关键帧。向后调整时间轴上的白色指针，移动蒙版使其始终遮盖车牌，重复上述操作直到车牌离开画面，即可达到用动态马赛克遮挡车牌的效果。

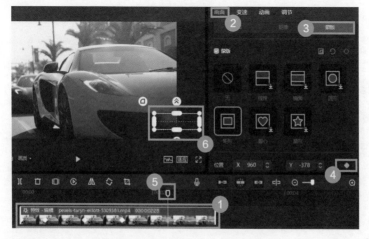

秒懂 短视频剪辑

▶ 第 3 章 ◀

后期美化：3 招唤起观众的观赏情绪

千辛万苦拍摄、剪辑完的视频，总觉得不够完美。不是出镜模特不够好看，就是画面颜色不够好看、声音有杂音等，想要美化却无从下手……本章就从声音优化、人物美化、视频调色 3 个方面教你如何对视频进行美化。

扫码回复关键词【短视频剪辑】，观看配套视频课程。

3.1 声音优化： 简单 4 步让你的视频音效清心悦耳

为什么有些视频那么吸引人？为什么自己的视频画面看起来也很精彩，但整体上就是不尽如人意？除了画面内容，声音也是视频中很重要的一部分。一段合适的音乐、一个合适的音效都能带动观众的情绪起伏。下面，教你 4 步做出清心悦耳的声音。

01 音乐添加： 视频原声不好听？换成自己喜欢的音乐

在制作视频时，想去掉视频原声，换成自己喜欢的音乐，应该如何处理？下面用剪映专业版教大家一种简单的方法。

步骤 1 关闭原声。打开剪映，将素材导入并添加到时间轴上，在视频轨道左侧单击"关闭原声"，即可关闭原声。

步骤 2 选择音乐素材。在软件界面上方选择【音频】，在【音乐素材】中单击分类，选择合适的音乐，或直接在右侧搜索框搜索歌曲名称 / 歌手，单击搜索框下方的音乐可以进行试听。

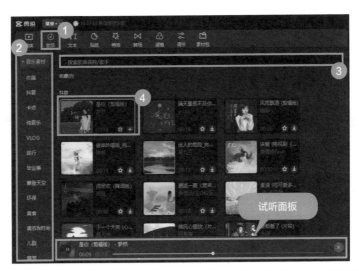

步骤3 导入音乐素材。确定选择的音乐后，单击选中音乐，按住鼠标左键将其拖曳到音频轨道上，松开鼠标左键即可添加音乐。

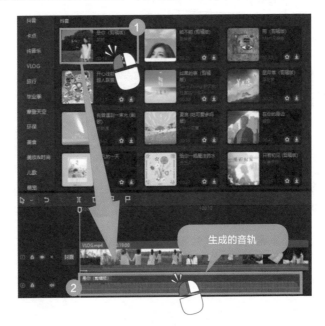

完成以上步骤，就可以将视频原声替换成自己喜欢的音乐。

02 音乐衔接：
背景音乐不够流畅？这样过渡衔接更自然

在制作视频时，有时需要拼接几段不同的背景音乐，如果音乐衔接得不够流畅就会让观众出戏。那如何让两段不同的音乐衔接得更加自然呢？

接下来就用剪映专业版进行制作演示。

步骤 1 第一段音乐缓出。将两段音乐导入并添加到时间轴中，单击选中第一段音乐，在软件界面上方的【音频】中选择【基本】，滑动【淡出时长】滑块，给音乐添加一个从有到无的淡出效果。滑块往左滑动，则淡出效果时长减少；滑块往右滑动，则淡出效果时长增加。

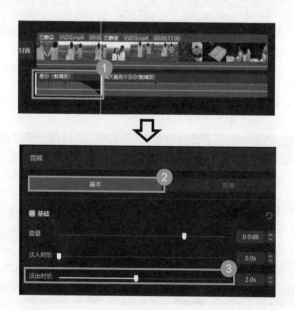

步骤 2 第二段音乐缓入。单击选中第二段音乐，在软件界面上方的【音频】中选择【基本】，滑动【淡入时长】滑块，给音乐添加一个从无到有的淡入效果。

步骤 3 将两段音乐衔接起来。给两段音乐分别添加淡出 / 淡入效果后，衔接部分会出现无声的情况，此时可以将第二段音乐选中并拖曳到第一段音乐下方，让两段音乐的淡出 / 淡入效果重叠，使其衔接更自然。

03 音效添加：
视频节奏太平淡？添加小音效增添趣味性

在制作视频时，如果觉得视频缺乏趣味，过于平淡，可以试着给视频添加一些小音效，从而增添视频的趣味性，给观众带来更好的视听效果。

步骤 1 选择音效素材。将需要编辑的视频素材导入并添加至时间轴上，在软件界面上方选择【音频】，在【音效素材】中单击分类选择合适的音效，或直接在右侧搜索框搜索音效名称，单击搜索框下方的音效可以进行试听。

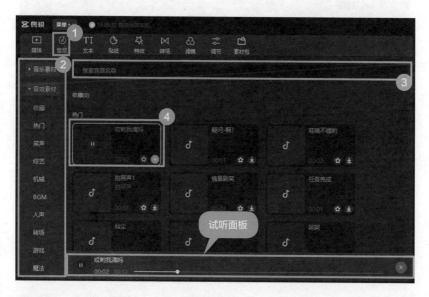

步骤 2 添加音效素材。确定选择的音效后，将其拖曳到时间轴中的音频轨道上即可。

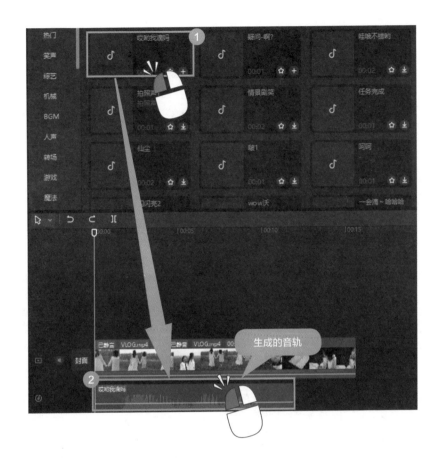

04 视频变声：
觉得自己的声音没特色？试试变声处理

录制完视频，觉得自己的声音不够吸引人？可以试试变声处理。
接下来我们就用剪映专业版来体验变声功能。

步骤1 选择变声效果。将需要做变声处理的视频素材导入并添加至时
间轴上，单击选中素材，选择软件界面上方的【音频】，勾选【变声】，
在【变声】的下拉菜单中，选择所需效果（此案例选择的是【男生】）。

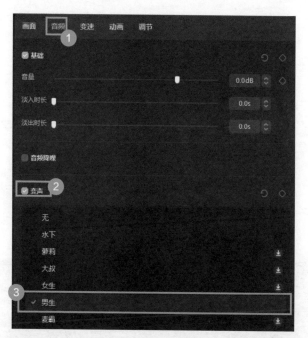

步骤2 调整变声效果。在【变声】下方的属性中，滑动【音调】和【音色】滑块。将滑块向左滑动，则变声效果减弱；向右滑动，则变声效果增强。

完成以上步骤，就可以实现音频的变声。

3.2 人物美化：轻松美化真人出镜效果

爱美之心，人皆有之。在拍摄视频时，即使我们化了妆，精心布置了拍摄环境，还是会觉得画面不够完美。在学会本节之后，这些问题都可以在后期进行补救。本节将从人物及背景两个方面教你轻松美化真人出镜效果。

01 视频美颜：
拍摄时忘了开美颜？后期还可以这样补救

有时由于时间紧迫，我们在拍摄时忘记开美颜效果，抑或自己不喜欢软件自带的美颜效果。针对以上这些情况，我们可以在后期进行一些美颜操作，步骤非常简单。接下来我们就一起用剪映专业版进行体验。

步骤1 添加美颜效果。将需要编辑的视频素材导入并添加至时间轴，单击选中素材，在软件界面上方选择【画面】→【美颜美体】，勾选【美颜】。

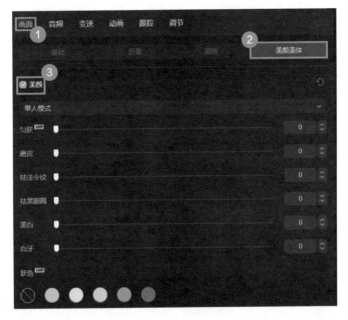

步骤2 调整美颜效果。调整对应效果的参数。滑块往左滑动，则美颜效果减弱；滑块往右滑动，则美颜效果增强。

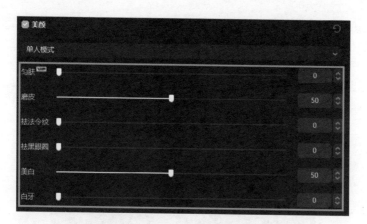

完成以上步骤，就可以实现后期美颜效果。

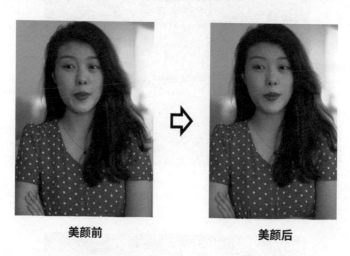

美颜前　　　　　　　　　　　　美颜后

02 人物瘦身：
想要拥有更好身材？后期可以帮你实现

前期拍摄时瘦身效果不够或是忘记开瘦身效果，感觉视频中的自己身材不够好？后期瘦身帮你补救！

步骤1 添加美颜效果。将需要编辑的视频素材导入并添加至时间轴，单击选中素材，在软件界面上方选择【画面】→【美颜美体】，勾选【美体】。

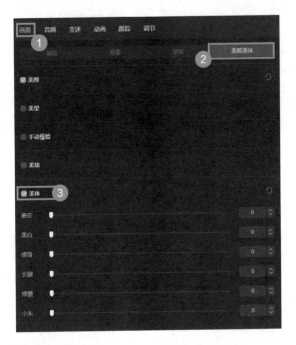

步骤2 添加瘦身效果。选择【瘦身】效果。滑块往左滑动，则瘦身效果减弱；滑块往右滑动，则瘦身效果增强。

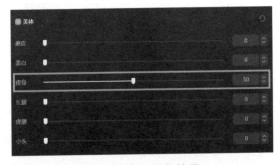

完成以上步骤，就可以实现后期瘦身效果。

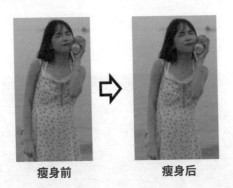

瘦身前　　　　　　　　瘦身后

03 人物增高：
视频里人物显腿短？后期帮你实现大长腿

前期拍摄时增高效果不够或是忘记开增高效果，感觉视频中的自己腿显得很短？后期长腿效果帮你补救！

步骤1 添加美体效果。将需要编辑的视频素材导入并添加至时间轴，单击选中素材，在软件界面上方选择【画面】→【美颜美体】，勾选【美体】。

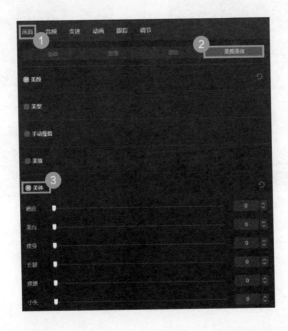

步骤 2 添加长腿效果。选择【长腿】效果。滑块往左滑动，则长腿效果减弱；滑块往右滑动，则长腿效果增强。

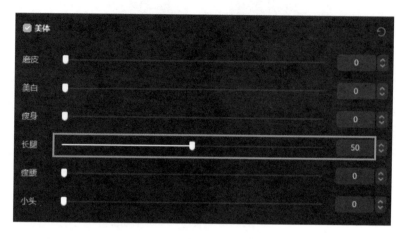

完成以上步骤，就可以实现后期长腿效果。

长腿前　　　　　　　　　　　　长腿后

04 背景虚化：
人物视频背景杂乱？一招学会背景虚化

制作视频，经常会遇到素材中人物拍摄得很好看，可背景却显得杂乱，影响了视频整体效果的情况，应该怎么办？接下来，一招教会你如何虚化背景。

步骤 1 复制素材。打开剪映，将素材重复两次添加至时间轴，并进行叠放。

步骤 2 将上层素材的人像抠出。单击选中上层素材，作为人物素材，选择合适的人物画面，在软件界面上方选择【画面】→【抠像】，勾选【智能抠像】。

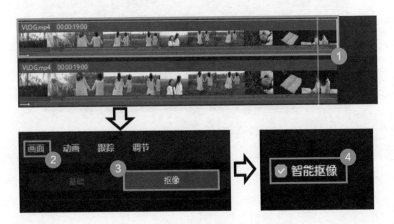

步骤3 添加模糊效果。单击选中下层素材，作为背景素材，在软件界面上方选择【画面】→【基础】，勾选【背景填充】，在【背景填充】的下拉菜单中选择【模糊】。

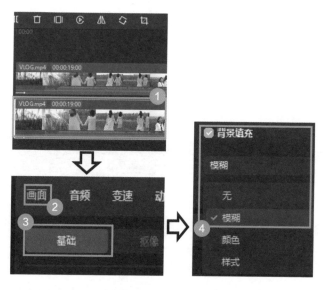

步骤4 选择模糊强度。根据需求选择对应的模糊强度。

步骤5 调整模糊效果。在软件界面上方选择【画面】→【基础】，勾选【混合】，滑动【不透明度】滑块。滑块往左滑动，则画面变得更模糊；滑块往右滑动，则画面变得更清晰。

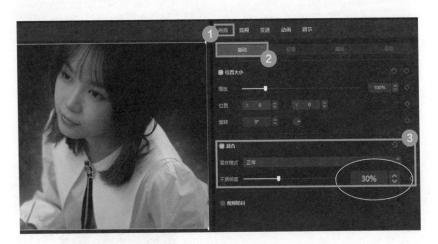

完成以上步骤，就可以实现背景虚化效果。

05 视频抠像：
对背景不满意？后期换上喜欢的背景

在制作视频时，对背景不满意？会抠像但不会制作背景？简单 3 步，教你快速更换背景！

步骤 1 抠出需要替换背景的人像。将需要编辑的视频素材导入并添加至时间轴上，单击选中素材，选择合适的人物画面，在软件界面上方选择【画面】→【抠像】，勾选【智能抠像】。

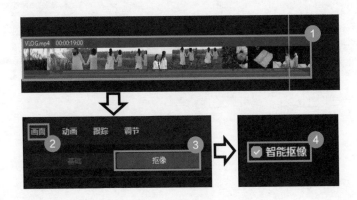

步骤2 添加新的背景样式。在软件界面上方选择【画面】→【基础】→【背景填充】，在【背景填充】的下拉菜单中选择【样式】。

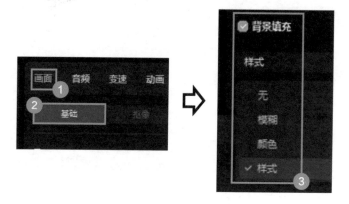

步骤3 挑选背景。单击喜欢的背景样式即可进行更改。

完成以上步骤，就可以更换背景。

3.3 视频调色：
调色魔法让视频氛围感十足

很多时候，受前期拍摄时天气、场景、光线的影响，视频成品效果不佳，此时可以通过调色来挽救这些"废片"。好的色调还可以赋予视频画面一定的美感，甚至可以为视频注入情感。本节会一一为大家讲解如何调出热门色调。

01 通透色调：
拯救昏暗视频，变明亮通透只需这样调

想记录一下自己的生活，结果画面拍得又昏又暗，丝毫没有将其发到朋友圈的欲望。怎么才能拯救"废片"，迅速提亮视频画面？

调色前　　　　　　　　　　　　调色后

下面用剪映专业版来进行调色演示。

步骤 1 调取调色面板。将素材导入并添加到时间轴上，单击选中素材，在软件界面上方选择【调节】。

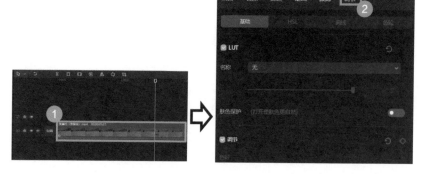

步骤2 对素材进行大范围提亮。在【基础】下勾选【调节】，向右滑动【亮度】滑块，也可以直接在文本框输入数值"41"。

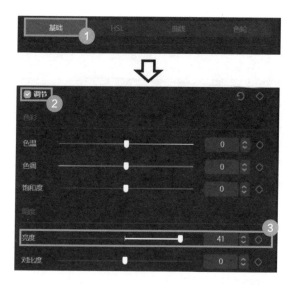

步骤3 完善细节，提升素材画面的通透感。在【调节】中还可以调整其他参数，例如：向右滑动【对比度】滑块，也可以直接在文本框输入数值"14"；向右滑动【高光】滑块，也可以直接在文本框输入数值"9"；向右滑动【阴影】滑块，也可以直接在文本框输入数值"20"。

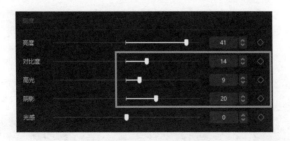

调整昏暗素材的主要思路是提高视频的亮度，再通过提高对比度，即素材的明暗对比程度，来提升整个画面的质感。上述操作步骤中给出的数值仅针对本案例，在实际应用中可自行更改。快拿自己的类似素材练练手吧！

02 清晰度处理：
视频灰蒙蒙看不清，后期调色变清晰

肉眼看起来清晰且色彩分明的风景，在视频里却灰蒙蒙的，怎么办？通过调色处理，可以将灰蒙蒙的素材变得更清晰、色彩更明艳。

调色前

调色后

下面用剪映专业版来进行调色演示。

步骤1 调整素材明暗。将素材导入并添加到时间轴上，单击选中素材后，在软件界面上方选择【调节】→【基础】，勾选【调节】。向右滑动【对比度】滑块，观察画面，当其不再灰蒙蒙之后停止，本例参考数值为"50"。通过右滑【高光】滑块，左滑【阴影】滑块，再次提高画面对比度。本例高光参考数值为"23"，阴影参考数值为"-16"。

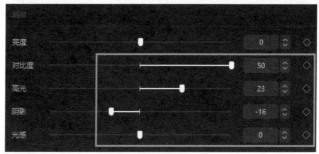

步骤2 调整素材的色彩，让素材画面更明艳。向右滑动【饱和度】滑块至画面色彩明艳自然，本例参考数值为"15"。向左滑动【色温】滑块，增加画面中的蓝色，可让蓝天更蓝，本例参考数值为"−7"。

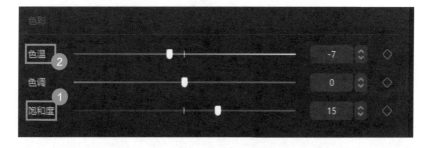

完成上述步骤后，视频是不是变得更清晰了？导出视频的时候选择更高的分辨率和码率，也会在一定范围内提高视频清晰度。

03 夕阳色调：
绝美日落太难等，4 步把普通日落调为大片

拍风景的人应该都拍过浪漫的落日余晖吧？但有时候光线不好，拍出来的效果总是不及肉眼看起来惊艳。下面，教你 4 步把普通日落调成大片。

| 调色前 | 调色后 |

下面用剪映专业版来进行调色演示。

步骤 1 选择一个合适的滤镜。将素材导入并添加到时间轴上，选择软件界面上方的【滤镜】→【滤镜库】→【风景】，将鼠标指针移动到【橘光】上，右下角出现"添加"按钮⊕，单击这个按钮，将滤镜添加至时间轴，拖曳时间轴上的滤镜轨道两端，使其长度与视频素材一致。

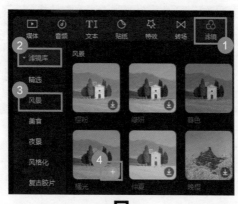

⇩

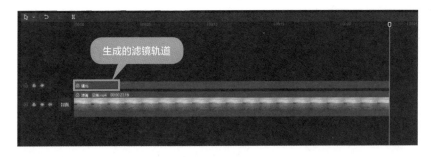

步骤2 调整滤镜强度。单击选中滤镜轨道，在软件界面上方的【滤镜】中，左滑【强度】滑块，将强度降低至较自然状态即可。

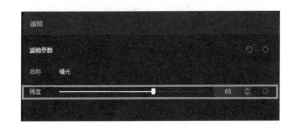

步骤3 调节素材色彩。选中素材后，选择软件界面上方的【调节】→【基础】，勾选【调节】。右滑【色温】滑块，使画面颜色偏黄；右滑【色调】滑块，增加画面中的洋红；右滑【饱和度】滑块，提高颜色的鲜艳度。

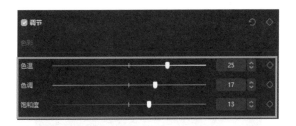

步骤4 调整画面明暗程度。左滑【光感】滑块，降低画面整体亮度；左滑【阴影】滑块和右滑【高光】滑块，丰富暗部与亮部的细节；右滑【对比度】滑块，提高画面对比度，使画面层次感更强。

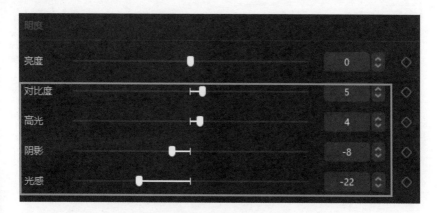

完成上述步骤后，绝美的夕阳效果就实现了。

04 蓝天色调：
蔚蓝天空不多见，后期帮你来实现

蓝天白云总是让人向往，天气不好还想拥有蔚蓝天空应该怎么办？

调色前

调色后

下面用剪映专业版来进行调色演示。

步骤1 调节素材色彩。将素材导入并添加到时间轴上，单击选中素材后，再在软件界面上方选择【调节】→【基础】，勾选【调节】。左滑【色温】滑块，增加画面中的蓝色。

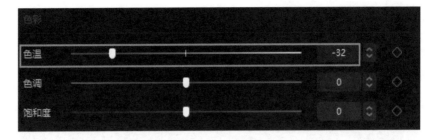

步骤 2 调整画面明暗程度。向右滑动【对比度】滑块，增强画面中的明暗对比；向左滑动【光感】滑块，降低整个画面的亮度，突出天空的蓝色。

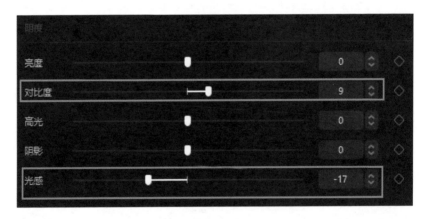

步骤 3 调整青色和蓝色的色相参数。选择软件界面上方的【调节】→【HSL】，依次选择右起的第三个和第四个色环。分别右滑【饱和度】滑块，提高青色和蓝色的饱和度；分别右滑【亮度】滑块，提高青色和蓝色的亮度。

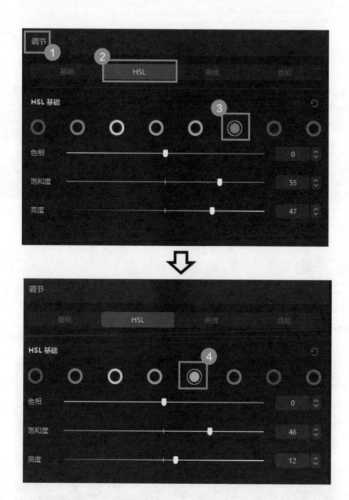

　　HSL 可以更精细地调整画面中某个颜色的色相，调整后效果非常明显。完成上述步骤之后，就能轻松拥有蔚蓝天空了。

05 季节色调：
想要展现季节快速变化，这招让秋天秒变夏天

　　想通过秋天拍的照片回味一下万物翠绿的夏天，怎么才能通过后

期调色快速实现呢？实现季节变换的主要调色思路是将画面中的橙色和黄色调整为绿色。

调色前

调色后

下面用剪映专业版来进行调色演示。

步骤 1 调整橙色色相的参数。将素材导入并添加到时间轴上，单击选中素材后，再在软件界面上方选择【调节】→【HSL】，选择左起的第二个色环。向右滑动【色相】滑块；向右滑动【饱和度】滑块，稍微提高一下饱和度；向左滑动【亮度】滑块，稍微降低一下颜色亮度。

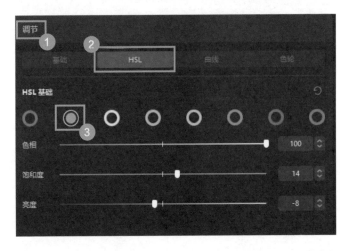

步骤 2 调整黄色色相的参数。选择左起的第三个色环。向右滑动【色相】滑块，将画面中的黄色改成绿色；向左滑动【亮度】滑块，稍微降低一下颜色亮度。

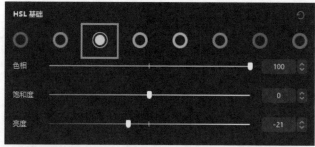

此时，画面已经从秋天的金黄变成夏天的翠绿了。想要调整画面中某个单一颜色时，用 HSL 工具可以很快实现。

06 美食色调：
美食拍得太寡淡，4 步调出诱人色泽

食材色泽鲜艳会让食客从视觉上感受到食物的新鲜与美味。下面，教你 4 步把美食视频调成美食博主同款色调。

调色前

调色后

下面用剪映专业版来进行调色演示。

步骤 1 选择一个合适的滤镜。将素材导入并添加到时间轴上，再在软件界面上方选择【滤镜】→【滤镜库】→【美食】→【暖食】，将鼠标指针移动到【暖食】上，右下角出现"添加"按钮⊕，单击这个按钮，将滤镜添加至时间轴；拖曳时间轴上的滤镜轨道两端，使其长度与视频素材一致。

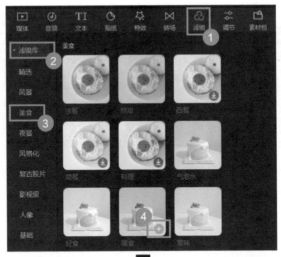

步骤2 调整滤镜强度。单击选中滤镜轨道,在软件界面上方的【滤镜】中,左滑【强度】滑块,将其数值降低至"62"。

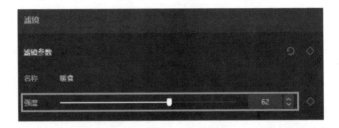

步骤3 提高食材色彩的鲜艳程度。选中素材,选择软件界面上方的

【调节】→【基础】，勾选【调节】。右滑【色温】滑块，使画面颜色偏黄；右滑【色调】滑块，增加画面中的洋红；右滑【饱和度】滑块，提升食材颜色的鲜艳度。

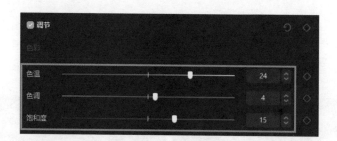

步骤 4 调整基础细节。向右滑动【亮度】滑块，提升画面整体亮度；向右滑动【对比度】滑块，提升明暗对比，使画面更有层次感；向右滑动【锐化】滑块，增加画面细节。

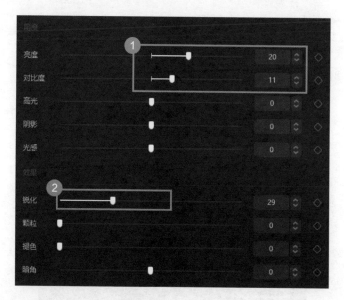

经过调色后的美食，看起来真是让人胃口大开呢！

07 夜景色调：
夜景视频太普通，试试调成大气的黑金色调

黑金色调是近几年比较火的一种色调，给夜色中的建筑和车流套用上这种色调，画面能够变得简洁又高级。主要的调色思路是降低素材中除橙色、金色以外色彩的饱和度，凸显画面中的橙色、金色。

调色前 调色后

下面用剪映专业版来进行调色演示。

步骤1 选择一个合适的滤镜。将素材导入并添加到时间轴上，再在软件界面上方选择【滤镜】→【滤镜库】→【夜景】→【橙蓝】，将鼠标指针移动到【橙蓝】上，右下角出现"添加"按钮⊕，单击这个按钮，将滤镜添加至时间轴，拖曳时间轴上的滤镜轨道两端，使其长度与视频素材一致。

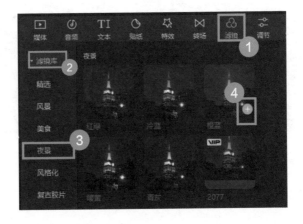

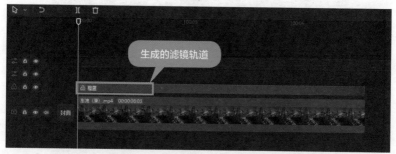

生成的滤镜轨道

步骤 2 调整素材明暗和色彩。选中素材，在软件界面上方选择【调节】→【基础】，勾选【调节】。右滑【色温】滑块，让画面颜色偏黄；右滑【色调】滑块，稍微增加画面中的洋红；左滑【光感】滑块，营造夜晚的氛围。

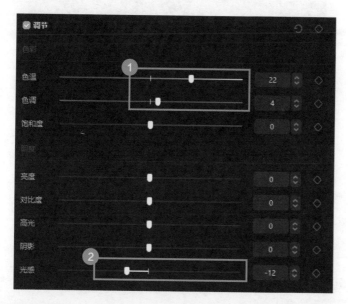

步骤 3 调整橙色色相的参数。选择软件上方的【调节】→【HSL】，选择左起的第二个色环。向右滑动【色相】滑块至最右端，更改色相；向右滑动【亮度】滑块，提高橙色的亮度。

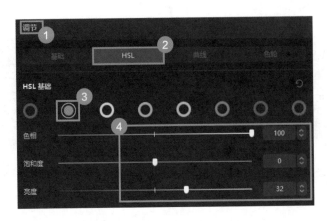

步骤 4 降低素材中其他颜色的饱和度。依次选择右边的 5 个色环，分别向左滑动【饱和度】滑块。

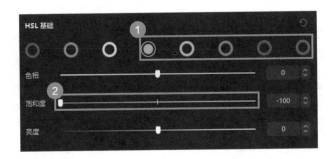

08 国风色调：
回味经典，如何调出国风水墨色调

国潮来袭，越来越多的人开始使用经典配色。国风水墨色调似袅袅青烟般朦胧缥缈，也似丹青画卷般诗意隽永。怎么才能快速将视频调成国风水墨色调呢？

调色前   **调色后**

下面用剪映专业版来进行调色演示。

步骤1 选择一个合适的滤镜。将素材导入并添加到时间轴上，再在软件界面上方选择【滤镜】→【滤镜库】→【露营】→【山系】，将鼠标指针移动到【山系】上，右下角出现"添加"按钮⊕，单击这个按钮，将滤镜添加至时间轴，拖曳时间轴上的滤镜轨道两端，使其长度与视频素材一致。

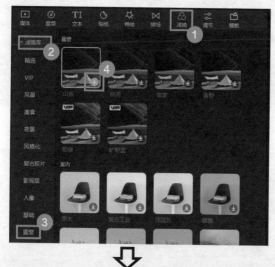

步骤2 调整红、黄、绿色色相的参数。选中素材后，在软件界面上方选择【调节】→【HSL】。依次选择左起第一个、第三个、第四个色环，分别调整这三个色环的参数。统一左滑【饱和度】滑块，降低画面中主要颜色的饱和度；右滑红色和绿色色环的【亮度】滑块，提高这两个颜色的亮度。

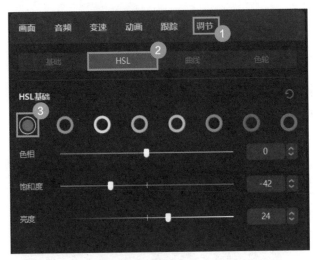

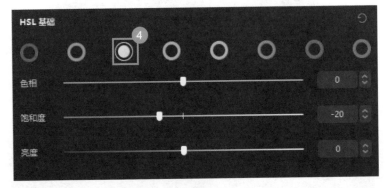

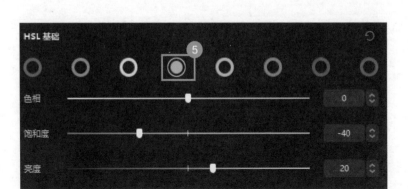

到这里，全部的调色步骤就完成了。国风水墨色调对视频素材也有一定的要求，更适合以山水、竹林、荷花等为主体的视频画面，前期拍摄素材的时候可以稍加注意。

09 电影色调：
热门的青橙色电影色调这样调

欧美电影中常常会使用青橙色调，这种色调的特点是以青色和橙色为主，画面整体偏暗。

调色前

调色后

下面用剪映专业版来进行调色演示。

 选择一个合适的滤镜。将素材导入并添加到时间轴上，再在软件界面上方选择【滤镜】→【滤镜库】→【影视级】→【青橙】，将鼠标指针移动到【青橙】上，右下角出现"添加"按钮➕，单击这个按钮，将滤镜添加至时间轴，拖曳时间轴上的滤镜轨道两端，使其长度与视频素材一致。

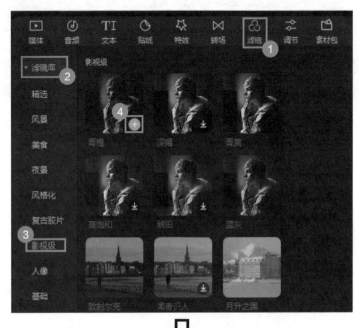

步骤2 增加画面中灰部分的青色色彩。选中素材后，在软件界面上方选择【调节】→【色轮】，勾选【色轮】，拖曳【中灰】色轮中间的圆点至左下角。

只需要简单两步，电影级的青橙色调调色就轻松完成了！

秒懂 **短视频剪辑**

▶ 第 **4** 章 ◀

创意效果：吸引眼球的三大秘诀

　　基础的剪辑操作只能帮助我们完成一个完整的视频。如果想让视频抓住观众眼球，达到引人入胜的效果，创意才是关键。本章就从视频的开场、过渡、结尾 3 个部分入手，教你打造出爆款创意视频！

扫码回复关键词【短视频剪辑】，观看配套视频课程。

4.1 让视频迅速抓住眼球的创意开场

用心制作了一条视频，发布之后，观看量和点赞量却寥寥无几。怎么才能不让视频被快速滑走呢？最重要的就是做好片头部分。好片头可以快速吸引观众的注意，让观众流连忘返。本节将介绍 4 种创意视频开场，帮你抓住观众眼球。

01 三联屏封面：
视频封面单调乏味？三联屏封面提高点击率

想让观众进入主页就能迅速找到想找的视频内容？试试制作三联屏封面吧，不仅可以让人一眼找到想看的视频，还可以提高同系列视频的点击率！

本节就用剪映专业版演示三联屏封面制作技巧。

步骤 1 制作三联屏通用素材。在软件界面上方选择【媒体】→【素材库】→【热门】，找到白场素材和黑场素材，将其分别拖曳到时间轴上，将白场素材叠放在黑场素材的上方轨道。选中白场素材，在软件界面上方选择【画面】→【蒙版】→【镜面】，将【旋转】数值设置为"90°"，在【播放器】中拉动中间白色色块的边缘来调整蒙版大小。

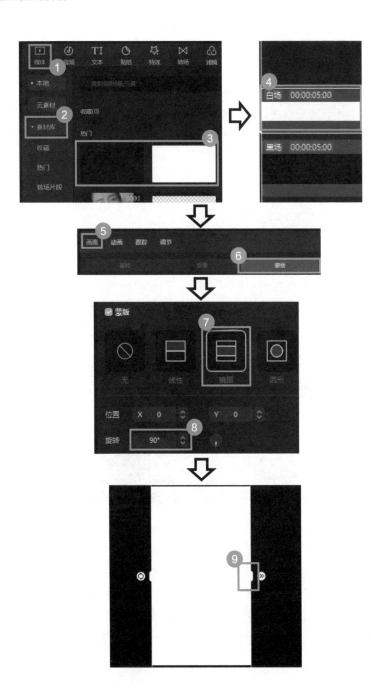

步骤 2 再复制两个白底。在时间轴上选中白场素材，依次按【Ctrl+C】【Ctrl+V】组合键复制出第二段白场素材，在【播放器】中将素材移动到最左侧位置。在时间轴上选中白场素材，依次按【Ctrl+C】【Ctrl+V】组合键复制出第三段白场素材，在【播放器】中将素材移动到最右侧位置。轻微移动 3 个白场素材的位置，使其露出的黑色区域大小相同。此时，三联屏通用素材就做好了，将其导出备用。

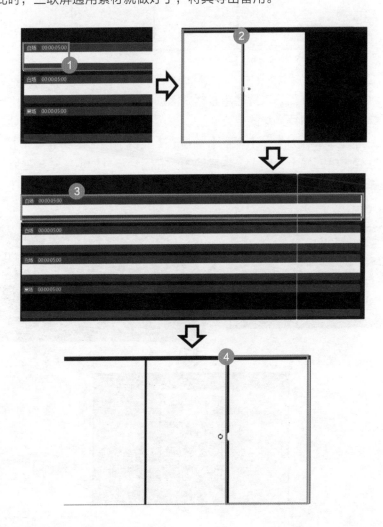

秒懂短视频剪辑

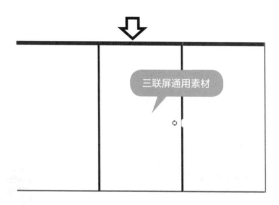

步骤 3 重新导入封面图片和三联屏通用素材。新建一个项目，分别导入封面图片素材和三联屏通用素材并添加至时间轴，将三联屏通用素材叠放在封面图片素材的上方轨道。选中三联屏通用素材，在软件界面上方选择【画面】→【基础】，勾选【混合】，在【混合模式】的下拉菜单中选择【变暗】。本案例的封面图片尺寸选取的是与三联屏尺寸相同的 16：9 横屏尺寸。

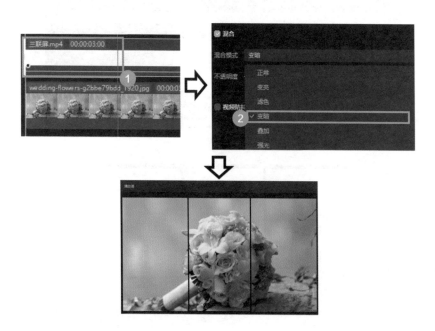

步骤 4 给封面添加编号。选择软件界面上方的【文本】→【新建文本】，将"默认文本"添加至时间轴上。选中时间轴上的文本层，在软件界面上方的【文本】→【基础】下方的文本框中，把"默认文本"修改为"①②③"。再将【字号】数值设置为"9"，【字间距】数值设置为"100"。在【播放器】中，将"①②③"向下移动。

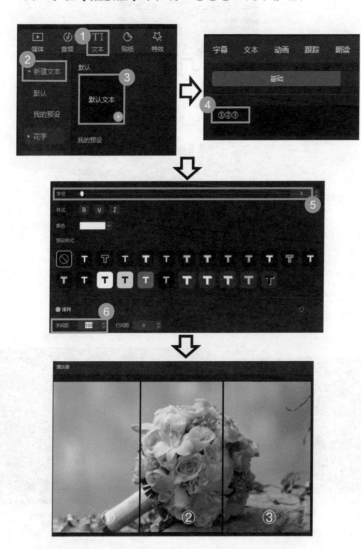

步骤 5 添加封面标题。再新建一个文本，将文本内容修改为视频标题，例如"《告白》"，然后将其放在画面右上角。封面制作完成后，导出为三联屏案例视频素材备用。

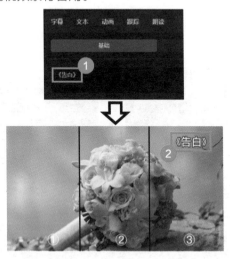

步骤 6 将封面分别裁剪并导出。新建一个项目，导入三联屏案例视频素材并添加到时间轴上，在轨道上方单击"裁剪"按钮，调整白色方框到画面左侧三分之一的位置，单击【确定】，在【播放器】下方单击【适应】，将尺寸设置为"9：16（抖音）"，第一屏封面就做好了。第二、三屏封面按照该方法分别制作、导出即可。

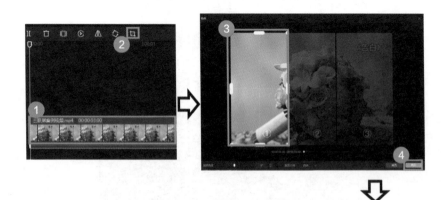

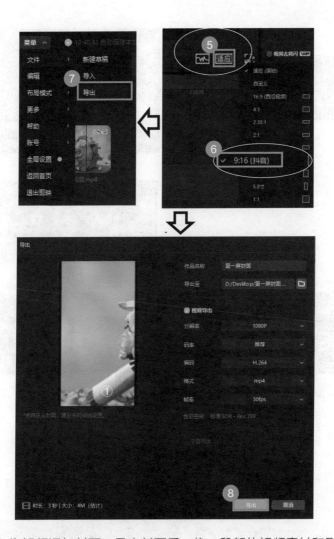

步骤 7 为视频添加封面。导出封面后，将一段新的视频素材和刚导出的封面素材导入并添加到时间轴上。在时间轴上，选中封面素材，移动白色指针到第五帧，单击上方的"分割"按钮，删除第五帧之后的画面。单击视频轨道前方的【封面】，进入封面选择页面，选择第一帧为封面，单击【去编辑】，然后单击【完成设置】，最后导出即可完成第一屏封面的添加。后面的封面均按照此方法完成添加。

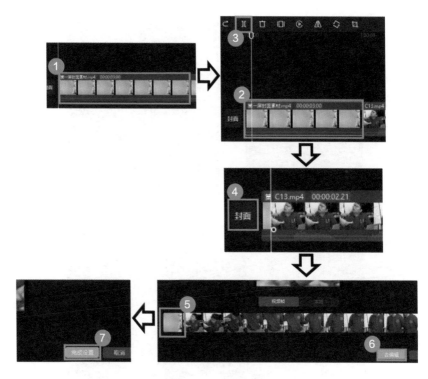

通过以上操作，一套精美的三联屏封面就做好了。

02 创意简介：
人物简介不出挑？一招做出创意人物出场动画

人物出场介绍如何做得高级炫酷？教你一招做出创意人物出场动

画，不仅有新意，还能令人印象深刻！

接下来一起用剪映 App 来完成人物出场动画的制作。

步骤1 将人物的出场视频定格为静态画面。将人物视频素材导入剪映，将白色指针向右移动到画面中人物转头处，点击【剪辑】，向右滑动标签栏，找到【定格】并点击。

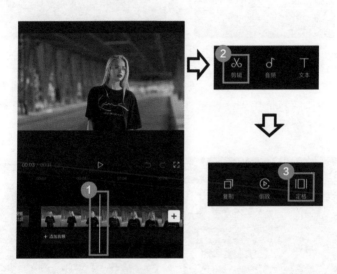

步骤2 导入人物出场画面的背景。选择【画中画】→【新增画中画】，导入出场背景素材，长按并拖曳背景素材，使其与定格素材上下对齐。

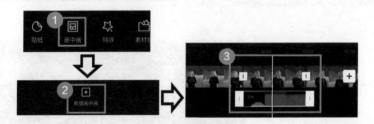

步骤3 改变背景素材大小及混合模式。选中背景素材，在预览窗口中用双指放大背景素材，选择【混合模式】→【变暗】，使人物素材透过背景素材画面。

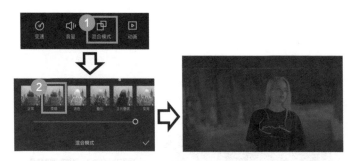

步骤 4 复制人物定格素材并切画中画，为下一步的抠像做准备。选中人物定格素材，选择【复制】，选中复制后的定格素材，选择【切画中画】，然后长按并将其拖曳到背景素材下方轨道，使复制后的定格素材与背景素材上下对齐。

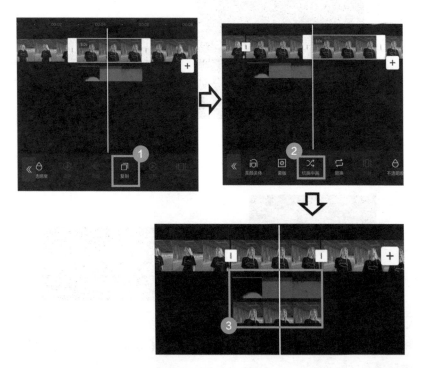

步骤 5 将人像抠出并设置漫画效果。选中复制后的定格素材，选择【抠

像】→【智能抠像】，抠出人像后选择【抖音玩法】→【漫画写真】，
这时人物出场的漫画效果就实现了。

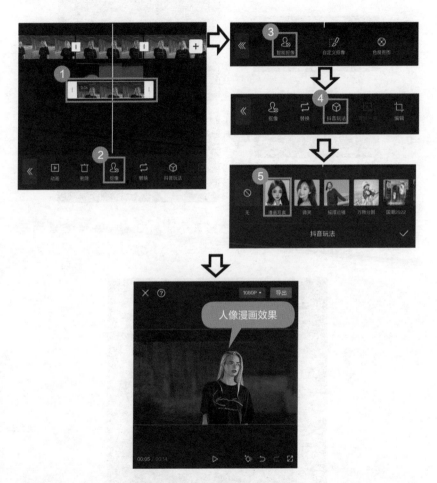

步骤 6 添加人物介绍文字。选择【文本】→【新建文本】，在弹出的
窗口中，输入文字"凯文"。在预览窗口中长按文字，将其拖动至人
像左侧。点击文字，在弹出的窗口中选择【花字】，选择白底黑描边
样式即可。

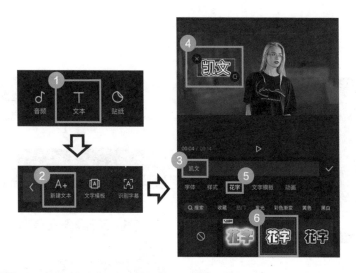

步骤7 重复步骤 6 的操作。注意将文字输入为"Kevin"，适当减小字号，并将两次输入的文字时长调整至与视频素材一致。

通过以上操作，一个创意人物出场动画就完成了。

03 创意片头 1：
片头文字太简单？用人物遮挡文字效果

视频开头不吸引人，有可能是因为片头文字太简单。如何做出有创意又好看的片头文字呢？来试试人物遮挡文字效果。

接下来就用剪映 App 来实现人物遮挡文字效果。

步骤 1 制作文字素材备用。点击【开始创作】进入创作界面后，在【素材库】中选择黑场素材并添加，选择【文字】→【新建文本】，输入文字"summer"，在【字体】中选择合适的字体，调整字号大小并调节字间距，点击【导出】将其导出作为文字素材备用。

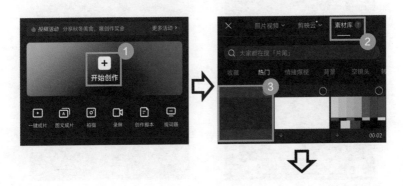

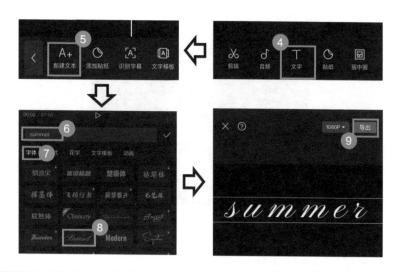

步骤2 重新导入人物素材和制作的文字素材。新建一个项目，导入人物素材并添加至时间轴。在不选中素材的情况下，直接在软件界面下方选择【画中画】→【新增画中画】，在弹出的窗口中，导入上一步制作好的文字素材，再在预览窗口中用双指将文字素材拉大。

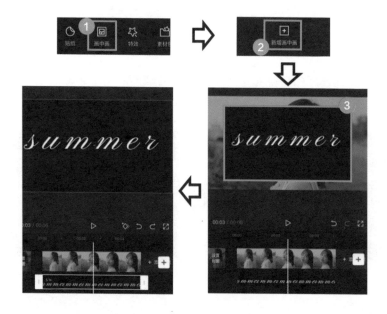

步骤3 改变文字素材的混合模式。在时间轴上选中文字素材，点击【混合模式】→【滤色】。

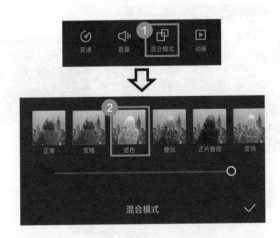

步骤4 将人物素材做切画中画处理。选择人物素材，点击【复制】，选中复制后的素材，点击【切画中画】，长按画中画素材，将其拖曳到文字素材下方的轨道，使画中画素材与文字素材上下对齐，为抠出人像做准备。

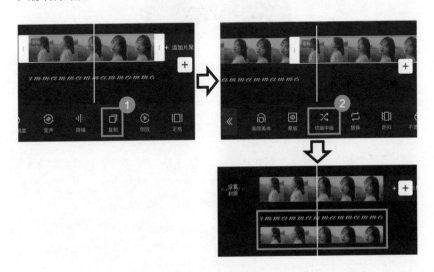

步骤 5 抠出人像素材。选择复制出的人物素材，点击【抠像】→【智能抠像】。

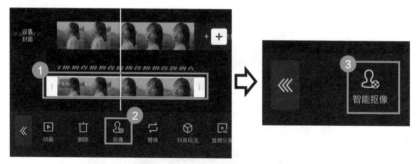

通过以上操作，人物遮挡文字效果就制作完成了。

04 创意片头 2:
视频开场没新意？用文字镂空穿越片头

视频开场如何做得"高大上"？不妨试试文字镂空穿越片头。

接下来就一起用剪映 App 实现这个创意效果吧!

步骤 1 制作文字素材备用。打开剪映,新建一个文本,输入文字"中国·上海"，将字体、字号调整至合适状态（具体步骤可以在上一节查阅）。点击【动画】→【入场动画】→【放大】，向右滑动底部的时长滑块，最后将做好的文字素材导出作为文字素材备用。

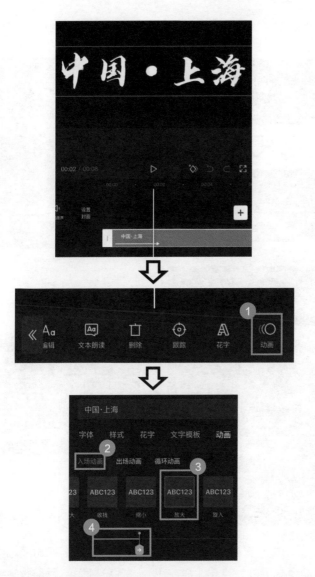

步骤2 导入素材并改变文字素材混合模式。导入城市风景素材后，在软件界面底部点击【画中画】→【新增画中画】，在弹出的窗口中选择制作好的文字素材，点击【添加】。在时间轴上选中添加的文字素材，

点击【混合模式】→【变暗】。

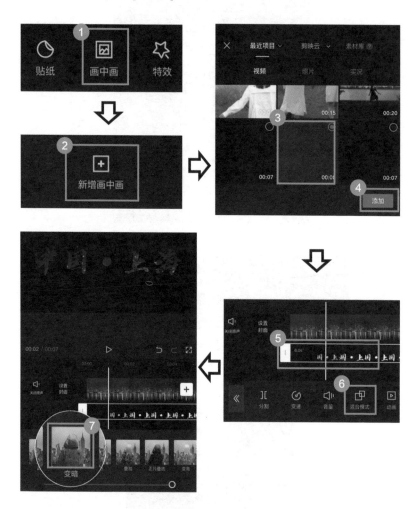

步骤3 分割文字素材并添加蒙版。选中文字素材，在时间轴中将白色指针移动至 3 秒处，点击【分割】，选择分割后的后半段文字素材，点击【蒙版】→【线性】，只留下文字素材的上半部分。

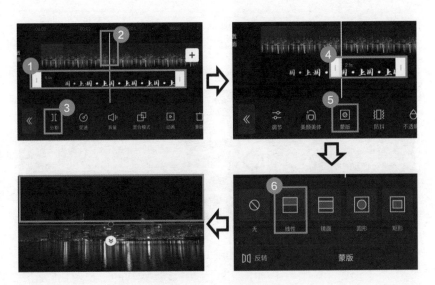

步骤 4 再次分割文字素材并添加反转线性蒙版。选中分割后的后半段文字素材，在时间轴中将白色指针移动至 6 秒处，点击【分割】，将分割后的后半段素材拖至前半段素材下方的轨道，选择【蒙版】→【线性】→【反转】，只留下这段文字素材的下半部分。

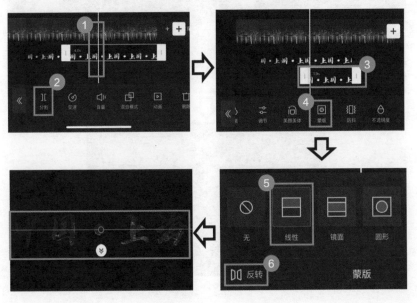

步骤5　为第二段文字素材添加动画。选择第二段文字素材，点击【动画】→【出场动画】→【向上滑动】，并将其底部的时长滑块向左滑动至最左端，使这个文字素材向上滑动消失。

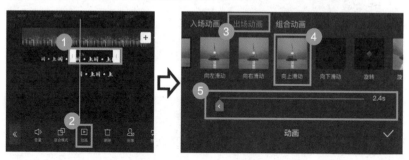

步骤6　为第三段文字素材添加动画。选择第三段文字素材，点击【动画】→【出场动画】→【向下滑动】，并将其底部的时长滑块向左滑动至最左端，使这个文字素材向下滑动消失。

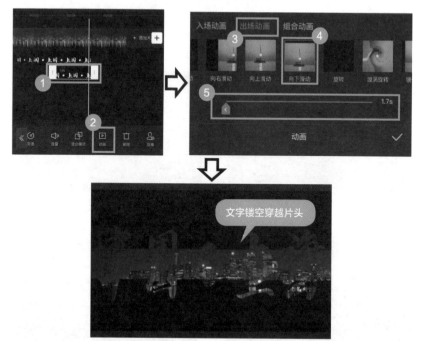

完成以上步骤，文字镂空穿越片头就完成了。

4.2 让视频切换自然流畅的创意技巧

在剪辑视频时，是否总觉得视频片段之间的衔接太过生硬？可以通过给视频加入转场效果来提升视频的流畅度，同时，一些转场处理还能让视频效果更加炫酷、有冲击力。本节将介绍 4 种创意转场技巧，帮助你快速提升你的视频档次。

01 人物叠化：
学会这招，普通视频立马提升意境

想要通过视频表现时间的流逝，抒发人物的情绪，那么该如何更快地营造视频氛围、深化人物情绪呢？教你一招——用人物叠化的手法来表现。

接下来就用剪映专业版来实现人物叠化效果。

步骤 1 将长视频分割为片段。将两段准备叠化的素材分别导入并添加至时间轴上，选择时长较长的一段素材，单击上方的"分割"按钮 ⌶，将其分割为 3 个片段，使这 3 个片段画面中的人物位置差别较大，并删除多余片段。

步骤 2 在片段之间加入叠化效果。选择软件界面上方的【转场】→【转场效果】→【叠化】，选择右侧的【叠化】特效，单击右下角的"下载"图标 ⊕ 进行下载。下载完成后，把【叠化】特效拖曳添加到时间轴上片段之间的位置，再单击选中时间轴中的叠化效果，在软件界面上方的【转场】中将【时长】滑块滑动至最右端。

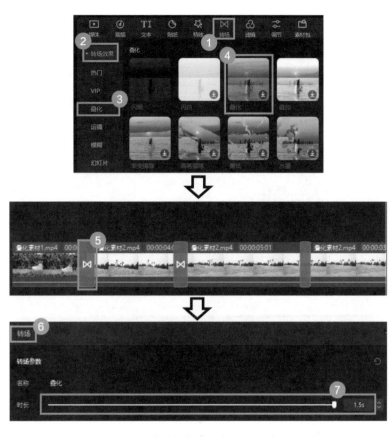

完成上述步骤，人物叠化效果就实现了。

02 遮挡转场：
简单实用的转场过渡技巧，一看就会

场景间的转换太过生硬，但又不想用太花哨的转场特效来过渡画面，那么还可以借助什么转场来完成过渡呢？下面，教你一个既简单又实用的遮挡转场技巧。

接下来就用剪映专业版来实现遮挡转场效果吧！

步骤1 将视频素材分别置于时间轴中。将画面中有遮挡物的素材添加到时间轴上，将白色指针移动到遮挡物完全出现的画面位置，将另一段素材添加到时间轴中，并叠放在其上方轨道。

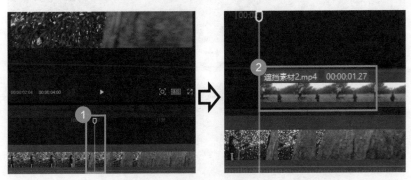

步骤2 为上方轨道的视频添加蒙版。选中上方轨道视频素材之后，在软件界面上方选择【画面】→【蒙版】→【线性】，【播放器】中会出现画面分界线、"羽化"图标🅐、"旋转"图标🔘。

123

步骤3 调整蒙版初始位置并用关键帧记录。单击【播放器】中的"旋转"图标，向左顺时针旋转 90°，然后向右拉动分界线至右侧边缘，在【蒙版】下方单击【位置】右侧的"关键帧"图标◆。

步骤 4 随着遮挡物的位置移动蒙版的位置。向右移动白色指针到画面中遮挡物处于中间位置处，向左移动分界线使其紧贴遮挡物边缘，关键帧将自动形成。重复操作，直到画面中的遮挡物完全消失。

步骤 5 添加羽化，让过渡更自然。当分界线在【播放器】最右侧时，将软件界面上方的【羽化】数值设置为"20"，单击【羽化】右侧的"关键帧"图标，记录蒙版的初始羽化值；当分界线在【播放器】最左侧时，将【羽化】数值设置为"0"。

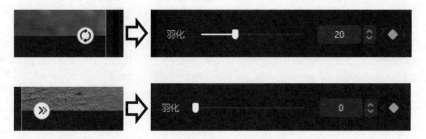

完成上述步骤，遮挡转场效果就实现了。

03 文字转场：各大博主都在用的转场效果

用文字介绍作为视频开场太普通？可以通过文字把观众从一个场景带入另一个场景，使两个场景串联起来，也就是用文字来过渡场景，既能让视频过渡得更加自然，又能让观众通过文字更加直观地了解前后场景表达的内容。

接下来就用剪映专业版试着实现这样的文字转场效果吧。

步骤 1 制作文字视频素材备用。导入一段视频素材并添加至时间轴，在软件界面上方选择【文本】→【新建文本】，将"默认文本"添加至时间轴，在时间轴上选中文本层，再在软件界面上方的【文本】→【基础】中，修改文字内容为"SPORT"，将字号设为"42"，颜色设为红色。

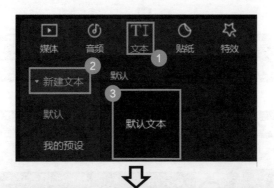

步骤2 设置文字放大动画。将时间轴中的白色指针移动到 0 秒处，选中文本层，单击软件界面上方的【文本】→【基础】，再单击【缩放】右侧的"关键帧"图标，记录此刻的文字大小。将白色指针移动到 1 秒处，将【缩放】数值设置为"180%"，并单击右侧的"关键帧"图标，再将白色指针移动到结尾处，将【缩放】数值设置为"3500%"，并在【播放器】中调整文字的位置，使其充满整个屏幕。最后导出文字视频素材备用。

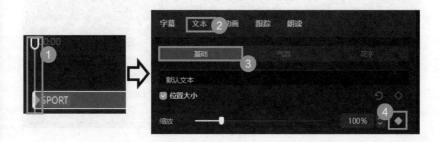

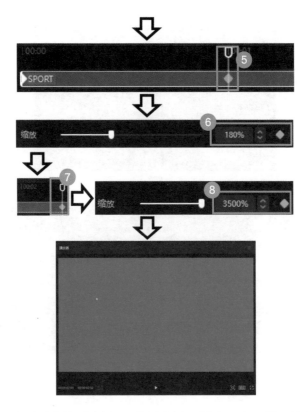

步骤3 导入文字视频素材和一段新素材。新建一个项目,将文字视频素材和一段新素材导入并添加至时间轴,将文字视频素材置于新素材轨道的上方。

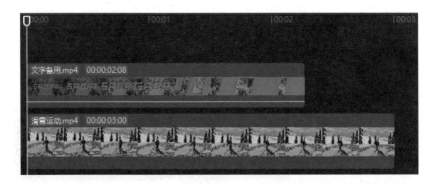

步骤4 开始制作转场效果。选中文字视频素材，在软件界面上方选择【画面】→【抠像】，勾选【色度抠图】，单击"取色器"图标，吸取【播放器】中的红色部分。吸取完颜色后，将【色度抠图】下方的【强度】数值设为"80"，【阴影】数值设为"20"，文字下的画面就显示出来了。

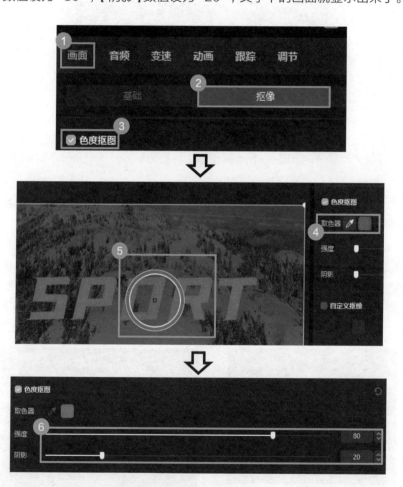

完成上述步骤，文字转场效果就实现了。

04 抠图转场：
带你体验不一样的视觉特效

视频转场效果太单调，不吸引人？可以将视频中的物体抠出来，让它提前进入下一个画面，帮助我们实现创意转场！

接下来就使用剪映 App 体验一下抠图转场的神奇魔法！

步骤1 将素材需要切换的地方进行定格处理。将 3 段视频素材导入剪映，将白色指针移动到第二段素材开始的位置，点击【剪辑】→【定格】，选择定格生成的片段，点击【切画中画】，将第一个定格片段切到下方轨道。

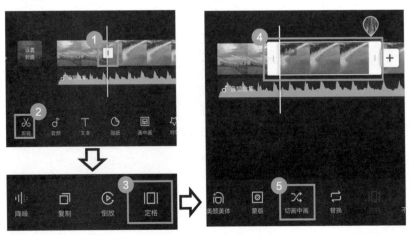

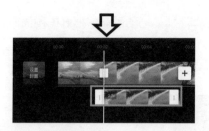

步骤2 将用于转场的物体抠出。选择画中画定格片段，点击【抠像】→【自定义抠像】，用快速画笔勾勒需要抠出的物体边缘，红色区域就是软件将自动抠出的画面，点击【√】确认。

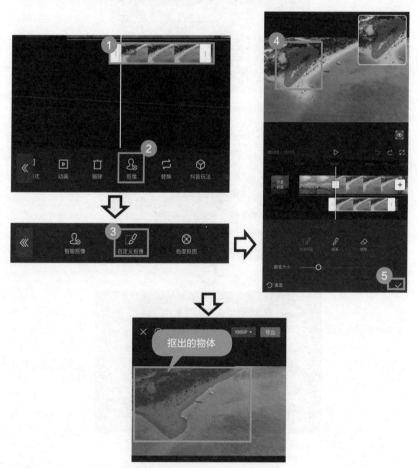

步骤3 为抠出的物体添加入场动画。将抠好的画面时长裁剪至 1 秒，在时间轴上选择抠好的画面，将其移动到第一段和第二段素材之间，点击【动画】→【入场动画】→【向下滑动】。

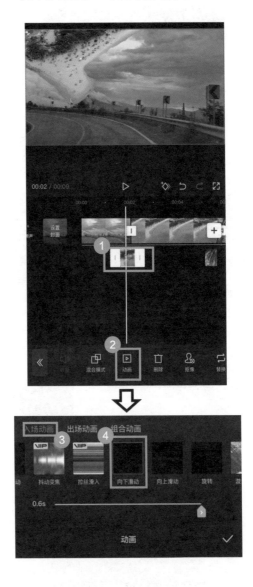

步骤 4 添加转场过渡。在两段素材之间点击"转场"按钮⊔，在弹出的窗口中点击【叠化】，添加叠化转场，让画面过渡得更加自然，第一个抠图转场就完成了。

步骤 5 后面的抠图转场重复以上操作过程即可。

4.3 让观众意犹未尽的创意结尾

　　一个好的视频，其开头可以抓住观众眼球，其中间部分可以牢牢吸引住观众，而一个精彩绝伦的结尾，常常会让观众在视频结束后仍然意犹未尽、回味无穷。本节将介绍 3 种视频创意结尾，让你的视频在结尾处得到升华。

01 关注动画：
想要留住观众？片尾的引导关注动画不能少

很多观众习惯看完视频就刷走。想要留住观众？试试在片尾加上引导关注动画。

接下来就一起使用剪映专业版来学习引导关注动画的制作吧！

步骤1 添加关注素材。在软件界面上方的【媒体】→【素材库】中，单击搜索框，输入关键词"关注"，选择想要使用的片尾样式，添加到时间轴上。

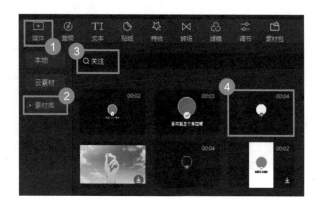

步骤2 将动画素材调整为圆形。将动画素材导入并添加至时间轴上，在软件界面上方选择【画面】→【蒙版】→【圆形】，为动画素材添加蒙版。

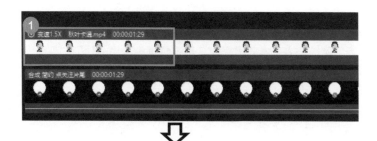

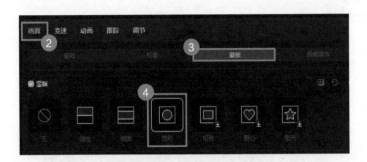

步骤 3 调整蒙版位置。在【播放器】中，移动蒙版周围的虚线来调整蒙版大小和位置，使蒙版处于关注素材的圆形框内。

步骤 4 复制关注素材作为备用。在时间轴上，选择关注素材，单击鼠标右键，选择【复制】，然后将复制的关注素材粘贴并置于轨道最上方，作为备用素材，并将三个素材的尾部进行对齐。

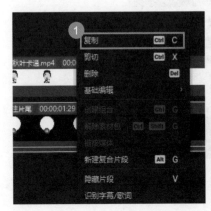
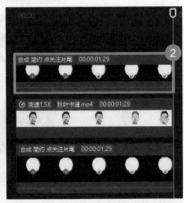

步骤 5 使关注动画的小圆圈露出。选择复制后的关注素材，在软件界面上方选择【画面】→【蒙版】→【圆形】，同时移动蒙版周围的虚线，调整蒙版大小和位置，使关注素材中的小圆圈露出。

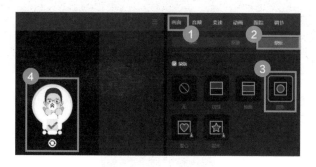

步骤 6 添加关注文字。在软件界面上方选择【文本】→【新建文本】，将右侧的"默认文本"添加至轨道上，修改文字内容为"关注 转发 赞赏"，并调整好文字大小。

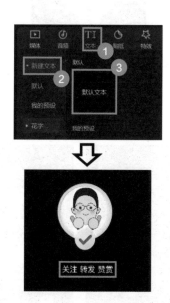

步骤 7 添加动画效果。选中文字层，单击软件界面上方的【动画】→【入场】→【放大】。

完成上述步骤，关注动画就实现了。

关注动画效果

关注 转发 赞赏

02 人物消失：
想营造氛围？试试人物渐渐消失效果

简单的两个镜头就可以剪出唯美视频，打动观众，给观众留下深

137

刻印象和无限遐想！快来试试人物消失效果。

接下来就一起用剪映专业版来实现这个效果。

步骤1 用关键帧记录人像素材初始不透明度。分别导入风景素材和人像素材，并添加至时间轴，将人像素材叠放在风景素材上方的轨道，将时间轴上的白色指针移动到3秒处。选中人像素材，在软件界面上方选择【画面】→【基础】，单击【不透明度】右侧的"关键帧"图标。

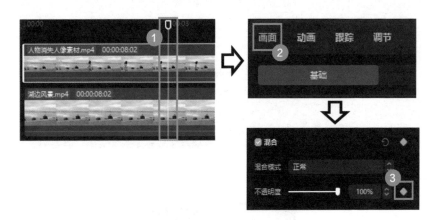

步骤2 调整素材不透明度数值。将时间轴上的白色指针移动到6秒处，选中人像素材，在软件界面上方选择【画面】→【基础】，将【不透明度】数值降为"0"，这时时间轴中将自动形成新的关键帧。

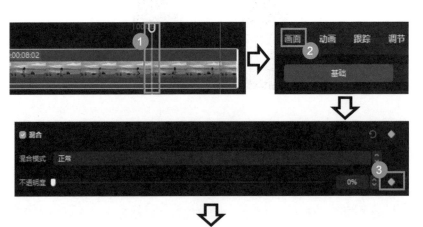

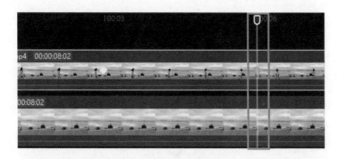

完成以上步骤，人物消失效果就实现了。

人物消失效果

03 电影片尾：
片尾不够高级？试试片尾字幕滚动效果

想要制作出类似电影片尾的字幕滚动效果，提升视频档次，其实很简单。接下来就一起使用剪映专业版来进行制作吧！

步骤 1 为视频素材设置初始关键帧。将视频素材导入并添加到时间轴上，将时间轴上的白色指针移动到 1 秒处，在软件界面上方选择【画面】→【基础】，找到其下方的【缩放】和【位置】，分别单击这两项右侧的"关键帧"图标，记录素材的初始大小和位置。

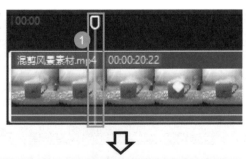

步骤 2 将视频画面缩小并放置至左侧。将时间轴上的白色指针移动到2 秒处，在【播放器】中将视频大小缩放到 50%，并将视频移动至【播放器】最左侧，软件将自动在时间轴上记录更改后的视频大小及位置。

步骤 3 添加电影字幕文字。将白色指针移动到 2.5 秒处，选择软件界面上方的【文本】→【新建文本】，将"默认文本"添加到时间轴上，并调整文本层的时长，使其与视频层同时结束。

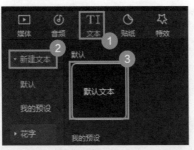

步骤4 修改文字内容及字体、字号、行间距。在时间轴上选中文本层，在软件界面上方选择【文本】→【基础】，在文本框中输入结尾字幕文字，选择合适的字体，同时减小字号，增大行间距。

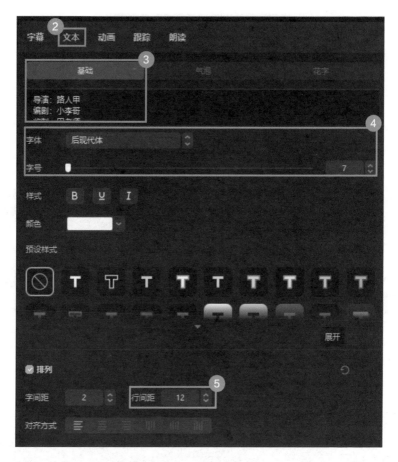

步骤5 设置字幕文字初始位置。在时间轴中，将白色指针移动到文本层开头，在软件界面上方选择【文本】→【基础】，单击【位置】右侧的"关键帧"图标，然后在【播放器】中将文字移动到视频画面外的右下方位置。

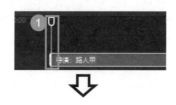

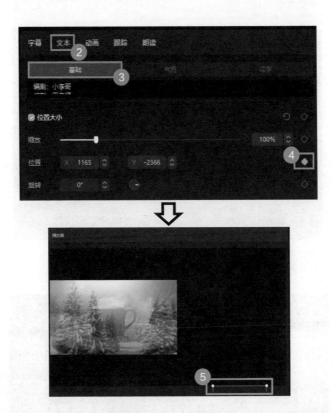

步骤6 修改字幕文字结束位置。将时间轴上的白色指针移动到文本层末尾处，在【播放器】中将文字移动到视频画面外的右上方位置。

完成上述步骤，电影片尾滚动字幕效果就实现了。

秒懂 短视频剪辑

▶ 第 5 章 ◀

综合案例：轻松掌握爆款视频剪辑方法

想掌握流量密码，获得更多的粉丝量？来试试"大神"都在用的爆款剪辑方法，让你快速"涨粉"。本章就用剪映专业版来制作 6 个综合案例，带你打造爆款短视频。

扫码回复关键词【短视频剪辑】，观看配套视频课程。

01 高级感变速卡点视频怎么剪

　　你是否随手拍了很多日常短片，却不知道如何呈现才能让视频更加高级？试试把日常短片与卡点音乐结合，这样不仅可以记录生活，还可以吸引观众。

　　接下来使用剪映专业版来进行演示。

步骤1 加入视频素材及卡点音乐。导入要编辑的视频素材后，再导入一段卡点音乐，本案例添加的卡点音乐是《Hello Gentle Breeze》。选中音乐，在时间轴上方单击"自动踩点"按钮 ，在弹出的下拉菜单中选择【踩节拍 II 】，音乐中将出现黄色的圆点。

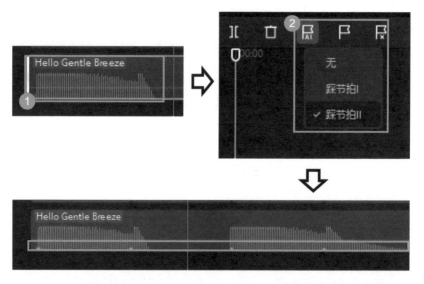

步骤2 让视频加速播放，卡上第一个节拍。选中视频素材，在软件界面上方选择【变速】→【常规变速】，向右滑动【倍数】滑块，让视频加速到 8.5 倍。在时间轴上，将白色指针移动到音乐素材中第二个黄点处，选中视频素材，单击"分割"按钮。

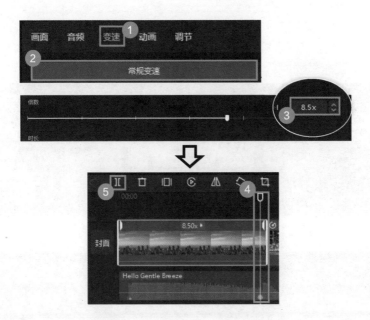

步骤3 让视频慢速播放，卡上第二个节拍。选中分割后的素材，向左滑动【倍数】滑块到 0.3 倍，使得视频节奏减慢，同时勾选下方的【智能补帧】。在时间轴中将慢放素材的右端调整至与音乐中第三个黄点对齐。

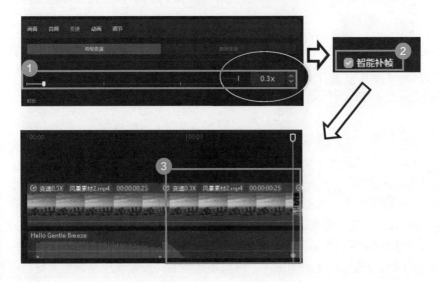

步骤4 为慢放素材添加滤镜。为了让卡点视频前后效果对比更加明显，可以选中分割后的素材，在软件界面上方选择【滤镜】→【滤镜库】，添加适合的滤镜效果。

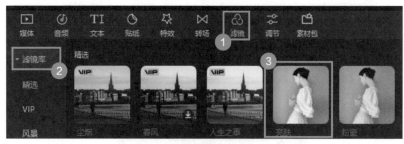

这样，一段卡点视频就做好了，后面的卡点片段可以重复以上步骤进行操作。

02 制作视频进度条，让观众一眼看清视频结构

视频太长，观众找不到自己感兴趣的部分，看了几秒就滑走了？此时，你需要一个视频进度条来划分结构，让观众能迅速找到自己想看的部分！

接下来就一起用剪映专业版来制作视频进度条吧！

步骤1 添加并调整黑场素材。打开剪映，将需要编辑的视频素材导入并添加至时间轴，在软件界面上方选择【媒体】→【素材库】→【热门】，添加黑场素材，在时间轴中，将黑场素材的时长拉长至与视频素材的

时长一致。选中黑场素材，在软件界面上方选择【画面】→【基础】，
将【不透明度】数值降低到"60%"。在【播放器】中，将黑场素材
拖曳到屏幕下方。

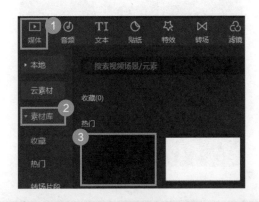

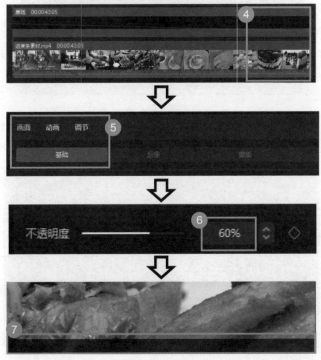

步骤 2 添加白场素材。在【素材库】中找到白场素材,将其添加至时间轴,并将其时长调整至与视频素材时长一致。

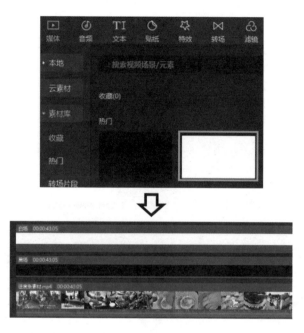

步骤 3 给白场素材添加蒙版。在时间轴中选中白场素材,在软件界面上方选择【画面】→【蒙版】→【线性】,将【旋转】数值调整为"-90°"。

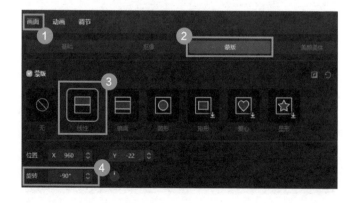

步骤 4 调整蒙版的初始状态。在时间轴上将白色指针移动到素材最左侧，在【播放器】中将蒙版分界线移动到画面最左侧，在软件界面上方的【画面】→【蒙版】中单击【位置】右侧的"关键帧"图标，记录进度条的初始状态。

步骤 5 调整蒙版的结束状态。在时间轴上将白色指针移动到素材最右侧，在【播放器】中将蒙版分界线移动到最右侧。

步骤6 给段落添加文字介绍。在进度条上添加文本，并修改其内容，分别放在进度条的相应位置上，最后设置文本样式，并将文本调整至合适大小。

步骤 7 添加贴纸并设置关键帧。在软件界面上方选择【贴纸】→【贴纸素材】，添加自己喜欢的贴纸，调整至合适大小放到进度条最左侧。在时间轴上，将白色指针移动到素材最左侧，在软件界面上方的【动画】中单击【位置】右侧的"关键帧"图标，记录贴纸的初始位置。

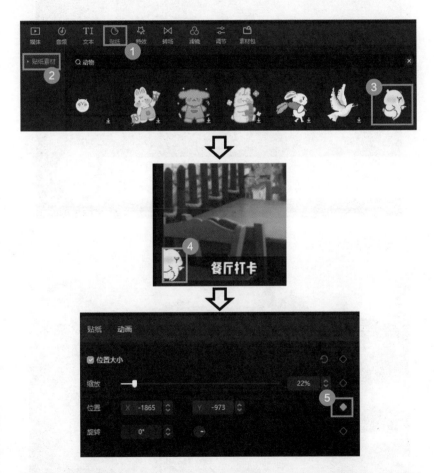

步骤 8 调整贴纸的结束位置。在时间轴上，将白色指针移动到素材最右侧。然后，在【播放器】中将贴纸素材移动到进度条最右侧。这时，软件就在时间轴上自动生成了记录贴纸最终状态的关键帧，贴纸部分就完成了。

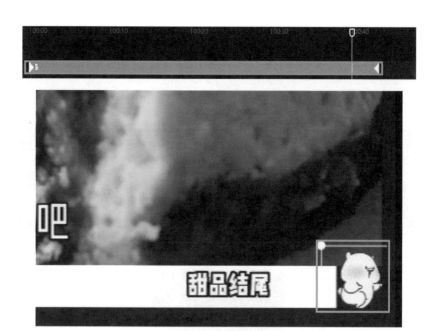

通过以上步骤，一个可爱的进度条就完成了。

03 制作"回忆杀"视频，这样融合画面更有代入感

看到别人做的回忆类视频，觉得非常有氛围感，但自己做出来的效果不佳，甚至被别人说看不出来是回忆类视频……教你一招，带你巧妙地融合画面，做出令人热泪盈眶的电影级"回忆杀"效果。

接下来用剪映专业版进行演示。

步骤1 导入素材并调整至合适大小。导入素材并添加至时间轴，将回忆素材叠放在实拍素材的上方轨道。在【播放器】中，将回忆素材的画面缩小并放在屏幕左上角位置。

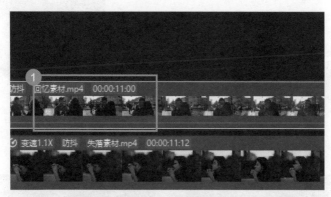

步骤2 给回忆素材添加蒙版。选中回忆素材，在软件界面上方选择【画面】→【蒙版】→【圆形】，在【播放器】中调整蒙版大小，使蒙版不遮挡下方画面，并且适当增加蒙版【羽化】数值。

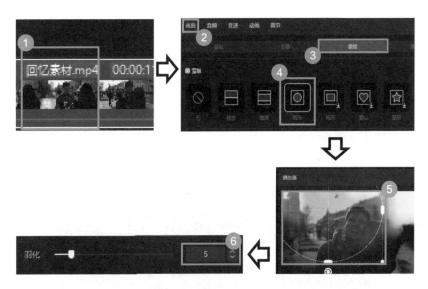

步骤3 调整素材不透明度。选中回忆素材，在软件界面上方选择【画面】→【基础】，将【不透明度】数值调为"75%"。

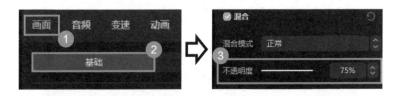

步骤4 让画面逐渐消失。在时间轴中，向右移动白色指针到素材时长的四分之三处，单击【不透明度】右侧的"关键帧"图标，设置初始关键帧。再向右移动白色指针，直到靠近素材结尾处，将【不透明度】数值降为"0%"。

完成以上步骤就可以制作出"回忆杀"效果了。

"回忆杀"效果

04 制作时间静止特效，一学就会

电影中经常出现的时间静止特效，我们也可以实现。接下来就用剪映专业版，教你制作超酷的时间静止特效。

步骤1 导入素材并调整位置。将风景素材和手指素材导入并添加到时间轴中，将手指素材叠放于风景素材上方轨道，在轨道中移动手指素材，使其初始位置在风景素材的第1秒处。

步骤2 抠出手指画面。选中手指素材，在软件界面上方选择【画面】→【抠像】，勾选【智能抠像】，抠出手指画面。

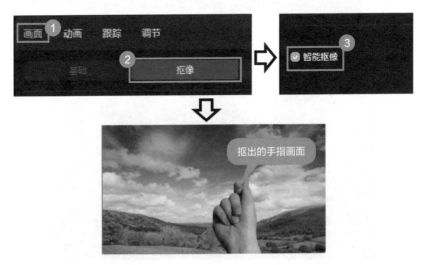

步骤 3 定格生成风景静止画面。在时间轴中移动白色指针到手指即将发出响声的位置，选中风景素材，单击上方的"定格"按钮 ，时间轴中就生成了一段定格的静止画面。

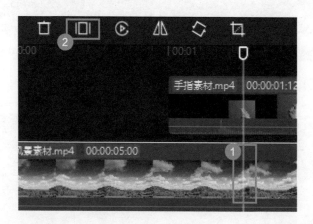

步骤 4 复制出第二段手指素材。选中手指素材，按【Ctrl+C】【Ctrl+V】组合键复制出第二段手指素材，移动该素材，使其初始位置在风景素材的第 3 秒处。

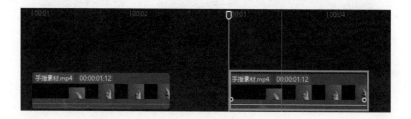

步骤 5 恢复动态画面。在时间轴中移动白色指针到第二段手指素材中手指发出响声的位置，缩短静止画面素材的时长，使手指素材发出响声的位置对齐静止画面素材最右端，从而实现手指发出响声后画面恢复动态的效果。

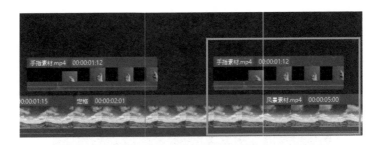

完成以上步骤，时间静止效果就实现了。

时间静止效果

05 别人家的定格分身效果，你做起来其实不难

"刷"短视频时总能看到人物悬在半空不动的画面，这其实是后期制作的定格分身效果，制作起来非常简单，只需要4步就能轻松搞定！

接下来用剪映专业版来进行操作演示。

步骤1 导入素材并生成定格画面。打开剪映后，将需要编辑的视频素材导入并添加至时间轴，在时间轴上将白色指针移动到想要定格分身的位置，单击"定格"按钮■，这时视频就会被分割成两段，将生成的定格画面移动到第一段视频素材的轨道上方。

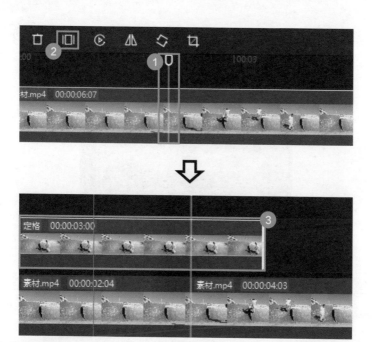

步骤2 将定格人物抠出。选中定格画面，在软件界面上方选择【画面】→【抠像】，勾选【智能抠像】，抠出定格人物。

步骤 3 调整定格画面的时长。将定格画面的右端调整到与视频的分割位置对齐，第一个定格分身动作就完成了。

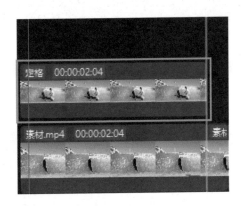

步骤 4 依照以上的步骤，再抠出两个定格人物之后，即可完成定格分身效果的制作。

06 玩转视频同框分身效果，进阶高手之路

有时可以在创意短视频中看到画面里出现好几个一模一样的人物，这其实就是分身效果。

接下来用剪映专业版来进行操作演示。

步骤 1 导入素材并调整时长。将 3 段场景相同、人物位置和动作不一样的视频素材加入时间轴中，并将 3 段素材叠放，调整时长，使每段素材时长一致。

步骤 2 抠出素材 3 中的人物。选中素材 3，在软件界面上方选择【画面】→【抠像】，勾选【智能抠像】，将画面中的人物单独抠出。

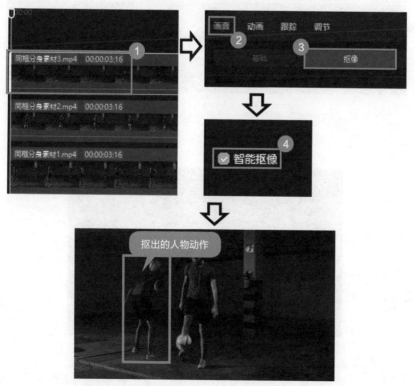

步骤3 抠出素材2中的人物。选中素材2,在软件界面上方选择【画面】→【抠像】,勾选【智能抠像】,将画面中的人物单独抠出。

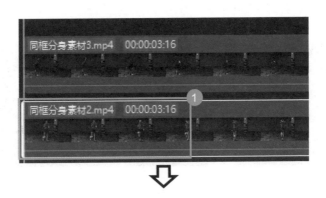

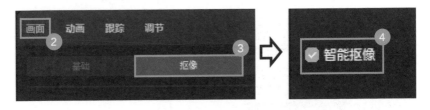

步骤4 调整抠出的人物位置。在【播放器】中,选中抠出的人物画面,并移动它们的位置,避免3段素材中人物动作的画面有重合部分。

完成以上步骤即可实现人物分身效果。